Marco Bettner/Erik Dinges

TURBO TEACHER

Mathematik 5

Gymnasium

Klett Lerntraining

Marco Bettner ist Lehrer für Mathematik und Informatik in Hessen.
Dr. Erik Dinges ist Lehrer für Mathematik und Schulleiter in Hessen.

Bildquellennachweise:
S. 50: Rolf Drewes: Kartenwerk, Dortmund – S. 52: EZB, Frankfurt – S. 52: Deutsche Bundesbank, Frankfurt am Main – S. 52: EZB (Klett-Perthes, Gotha), Frankfurt – S. 52: Deutsche Bahn AG, Frankfurt am Main – S. 60, 84, 86, 89: Klett-Archiv, Stuttgart – S. 66: Geoatlas, Hendaye – S. 86: istockphoto (RF/Christine Balderas), Calgery, Alberta.

Der Verlag hat sich nach bestem Wissen und Gewissen bemüht, alle Inhaber von Urheberrechten ausfindig zu machen. Sollte das in irgendeinem Fall nicht korrekt geschehen sein, bitten wir um Entschuldigung und werden selbstverständlich in der nachfolgenden Auflage einen korrigierten Quellennachweis anzeigen.

Bibliografische Information der Deutschen Bibliothek
Die Deutsche Bibliothek verzeichnet diese Publikation in der Deutschen Nationalbibliografie; detaillierte bibliografische Daten sind im Internet über http://dnb.ddb.de abrufbar.

Auflage 4. 3. 2. 1. | 2013 2012 2011 2010
Die letzten Zahlen bezeichnen jeweils die Auflage und das Jahr des Druckes.

Internetadresse: www.klett.de/lernhilfen; www.turboteacher.de
Die Laufzeit für das Online-Angebot www.turboteacher.de wird gewährleistet bis 2015.
Redaktion: Karin Haller, Stuttgart
Redaktionsassistenz: Verena Malmsheimer, Stuttgart
Covergestaltung: Willy Löbl, Stuttgart
Figur Turbo Teacher: Simone Bucher, Stuttgart
Innengestaltung: Sabine Kaufmann, Stuttgart
Illustrationen: Steffen Jähde, Berlin: S. 44; Lars Benecke, Hannover: S. 60, 139
Satz: DTP-studio Andrea Eckhardt, Göppingen
Druck: Mediahaus Biering GmbH, München
Printed in Germany
ISBN 978-3-12-927182-7

9 783129 271827

Inhalt

So übst du mit diesem Buch

Liebe Schülerin, lieber Schüler,

turboschnell supergute Noten in Mathematik bekommen – hast du dir das auch schon mal gewünscht? Dann bist du mit dem Turbo Teacher schon mal auf dem richtigen Weg.

Selbst wenn „turboschnell" vielleicht nicht „über Nacht" bedeutet:
Dieses Buch hilft dir dabei, deine ganz persönlichen Lücken zu erkennen und gezielt nur die Bereiche zu lernen, in denen du noch nicht so sicher bist. Das spart dir eine Menge Zeit, denn das, was du schon kannst, brauchst du auch nicht mehr zu üben. Klingt logisch, oder?

Und so gehst du am besten vor:

- Weißt du schon, mit welchen Bereichen du Probleme hast? Dann such dir das entsprechende Kapitel im Inhaltsverzeichnis heraus. Falls du nicht so genau weißt, woran es hängt, fang einfach im ersten Kapitel an.

- Beginne jedes Kapitel mit dem **Diagnosetest**.
  Du kannst ihn online unter **www.turboteacher.de** oder im Buch machen. Wenn du die Testaufgaben löst, merkst du vielleicht schon, welche dir leichter fallen als andere.

- Schlage dann im Lösungsteil nach. Hier siehst du, wie viele Punkte du für jede richtige Lösung bekommst. Wenn du die Punkte in die Tabelle einträgst, kannst du für jeden Lernbereich **genau ablesen**, ob du hier noch üben musst oder ob du schon richtig gut bist.
  Wenn du den Test **online** machst, erledigt das **Programm die Auswertung** für dich.

- Übe dann nur die Bereiche, die du noch nicht so gut kannst. Die Tabelle sagt dir, wo du die entsprechenden Aufgaben findest. Lege dir dazu am besten ein Übungsheft an. Merkkästen fassen dir das Wichtigste zu dem Bereich übersichtlich zusammen.

- Wenn du dich in allen Bereichen fitter fühlst, mach den **Abschlusstest** am Ende des Kapitels! Auch hier gibt es wieder eine Tabelle, in die du deine Punktzahl eintragen kannst. So ist es wirklich turboeinfach, deinen Lernfortschritt zu sehen und selbstbewusst in die nächste Klassenarbeit zu gehen.

Viel Erfolg mit diesem Buch wünscht dir der Turbo Teacher!

1 Natürliche Zahlen

Was war noch mal die Stellentafel? Wie notiert man Zahlen auf dem Zahlenstrahl? Wie lauten eigentlich die Teilbarkeitsregeln? So viel sei schon verraten: Auch berühmte Mathematiker haben mal klein angefangen. Zu all den oben erwähnten Fragen hast du am Ende des Kapitels sicherlich ein Expertenwissen aufgebaut.

- Mach zuerst den Diagnosetest und vergleiche deine Antworten mit den Lösungen ab S. 118.
- Die Auswertungstabelle im Lösungsteil zeigt dir, was du schon gut kannst und was du noch üben solltest.
- Trainiere nach der Auswertung die Bereiche, in denen du noch Fehler gemacht hast. Genaue Seitenangaben findest du in der Tabelle.
- Mit dem Abschlusstest ab S. 18 findest du heraus, ob du richtig fit bist.

Große Zahlen

1 **Betrachte die Einträge in der Stellentafel. Ergänze die fehlenden Werte.**

Milliarden			Millionen			Tausender			Einer			
H	Z	E	H	Z	E	H	Z	E	H	Z	E	Zahl
	5	9	0	7	0	0	0	0	0	0	0	
4	0	0	7	3	4	4	9	1	2	0	4	
8	4	0	9	0	0	0	1	0	0	0	7	
												425 396 487 142
												367 000
												587 000 000 000
												600 Mrd. 5 HT 5 H
												117 Mrd. 70 Mill.

2 **Schreibe die Zahlen mit Ziffern.**

a) vierhundertsiebenundvierzig Millionen dreihundertvierzigtausendundzweihundert

b) zwanzig Billionen einhundertdreiundneunzig Milliarden

Darstellung von Zahlen

3 **Welche Zahlen sind auf dem Zahlenstrahl dargestellt?**

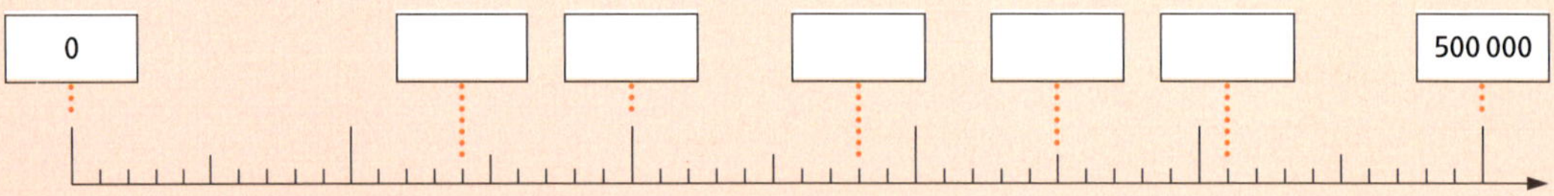

4 **Zeichne einen Zahlenstrahl und trage ein.**

a) 20 000 b) 120 000

c) 90 000 d) 200 000

5 **In diesem Diagramm findest du die Einwohnerzahl Deutschlands nach Altersgruppen. Schreibe für die Gruppe jeweils die Anzahl auf:**

0 – 4 Jahre, 5 – 9 Jahre, 10 – 14 Jahre und 15 – 19 Jahre.

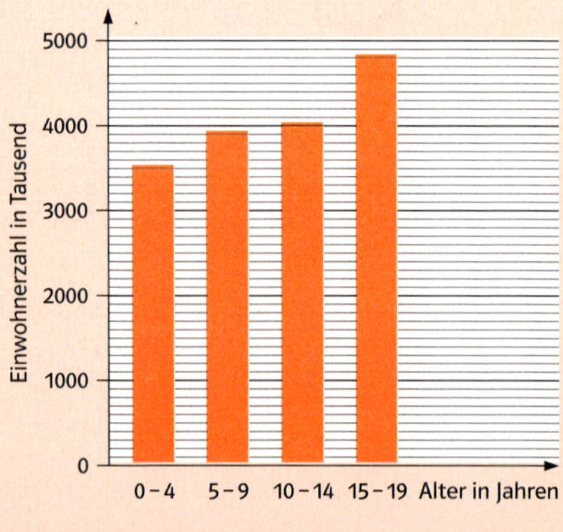

Runden von Zahlen

6 **Runde die Zahlen jeweils auf die angegebene Stelle.**

a) 47 523 (H) b) 57 820 (T) c) 426 547 (HT) d) 394 999 (ZT)

7 **Beim Fußballspiel Frankfurt gegen Bayern München waren 50 000 Zuschauer. Diese Zahl wurde auf ZT gerundet. Zwischen welchen Zahlen liegt die genaue Zuschauerzahl?**

Zahlsysteme

8 **Wandle vom Zweiersystem ins Zehnersystem um.**

a) $(111)_2$ b) $(1010)_2$ c) $(1100101)_2$ d) $(100100101)_2$

9 **Wandle vom Zehnersystem ins Zweiersystem um.**

a) 9 b) 27 c) 70 d) 156 e) 250 f) 1240

Teiler, Vielfache, Primzahlen, ggT und kgV

10 **Bestimme die Teiler dieser Teilermengen. Schreibe zu den Vielfachmengen die ersten 10 Elemente auf.**

a) T_8 b) T_{36} c) T_{100} d) T_{50} e) V_4 f) V_{12}

11 **Kreuze wahre Aussagen an.**

○ a) 2 ist Teiler von 1436
○ b) 3 ist Teiler von 14 587
○ c) 8 ist Teiler von 15 240
○ d) 9 ist Teiler von 357 458
○ e) 6 ist Teiler von 11 232
○ f) 15 ist Teiler von 235 415

12 **Wann ist eine Zahl eine Primzahl?**

13 **Schreibe jeweils den ggT oder den kgV auf.**

a) ggT (8; 20) b) ggT (54; 56) c) kgV (4; 5) d) kgV (50; 15)

14 **Die Wandfliesen im Badezimmer sind 16 cm breit. Die Fliesen auf dem Boden sind 20 cm breit. In welchen Abständen treffen zwei Fugen aufeinander?**

Große Zahlen

Merke dir

Das Lesen großer Zahlen wird durch die Stellentafel vereinfacht.
Beim Aufschreiben der Zahlen beginnst du ganz rechts und teilst diese in Dreierpäckchen.
Beispiel: 1372072

15.	14.	13.	12.	11.	10.	9.	8.	7.	6.	5.	4.	3.	2.	1.
Billionen			Milliarden			Millionen			Tausender			Einer		
H	Z	E	H	Z	E	H	Z	E	H	Z	E	H	Z	E
								1	3	7	2	0	7	2

1372072 bedeutet: 1 Million, 3 Hunderttausender, 7 Zehntausender, 2 Tausender, 7 Zehner und 2 Einer.
In Form einer Gleichung heißt das: 1372072 = 1 Mill. 3 HT 7 ZT 2 T 7 Z 2 E.

Gelesen heißt die Zahl: eine Million dreihundertzweiundsiebzigtausendzweiundsiebzig

1 **Beschrifte die Stellentafel mit den Bezeichnungen**
Tausender – Billionen – Einer – Millionen – Milliarden

	15.	14.	13.	12.	11.	10.	9.	8.	7.	6.	5.	4.	3.	2.	1.
	H	Z	E	H	Z	E	H	Z	E	H	Z	E	H	Z	E
a)						6		5	1	4		1			2
b)			1			5	2	2	1			7	1	2	5
c)					3	5	6			4	2	5	1	4	5
d)		2	5		9		6		6		3	5	6		7
e)	2			2	5		7		8	3	5	1	4		
f)		5			6		5	4			1	2	5		

2 **Welche Zahlen sind in der Stellentafel von Aufgabe 1 dargestellt? Schreibe diese mit Ziffern.**
Tipp: Fülle die leeren Stellen in der Tabelle zuerst mit Nullen auf.

Beispiel: *6 051 401 002*

3 **Trage diese Zahlen in die Stellentafel ein.**

Beispiel: *283 928 390*

a) 600 Bill. 700 Mrd. 8 Mill. 4 ZT 3 H; b) 70 Mrd. 3 Mrd. 703 Mill. 3 HT 5 Z;
c) dreihundertsiebzig Milliarden fünfzehn Millionen dreihundertsiebzig;
d) zwölf Milliarden vierhunderteinundzwanzig Millionen dreiundneunzigtausend;
e) 303 Mrd. 150 Mill. 9 HT 13 T 2 H 77 E

15.	14.	13.	12.	11.	10.	9.	8.	7.	6.	5.	4.	3.	2.	1.
Billionen			Milliarden			Millionen			Tausender			Einer		
H	Z	E	H	Z	E	H	Z	E	H	Z	E	H	Z	E
						2	*8*	*3*	*9*	*2*	*8*	*3*	*9*	*0*

4 **Beantworte folgende Fragen:**

a) Wie heißt die größte 5-stellige Zahl?

b) Wie heißt die größte 10-stellige Zahl?

c) Wie heißt die kleinste 13-stellige Zahl?

d) Mit wie vielen Nullen am Ende schreibt man 400 Mrd.?

5 **Zähle weiter und schreibe die nächsten vier Zahlen auf.**

a) 7386, 7387, 7388, ________, ________, ________, ________

b) 82 031, 82 032, 82 033, ________, ________, ________, ________

c) 402 977, 402 978, 402 979, ________, ________, ________, ________

Darstellung von Zahlen

Merke dir

Der Zahlenstrahl hilft dir, Zahlen darzustellen und diese ihrer Größe nach zu ordnen. Dabei werden die Zahlen nach rechts immer größer. Beispiel: 310 000 und 290 000

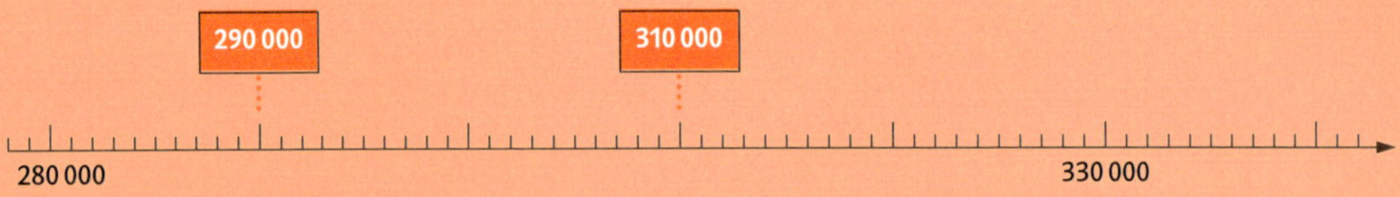

Die Zahl 310 000 ist größer als 290 000. 310 000 > 290 000

1 **Trage die richtigen Zahlen in die Kästchen ein.**

a)

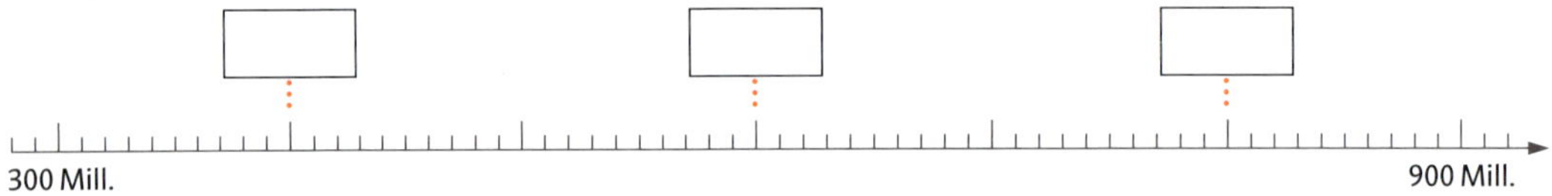

b)

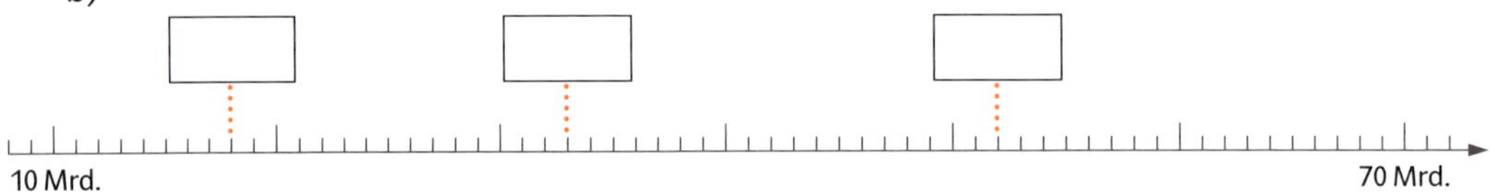

c)

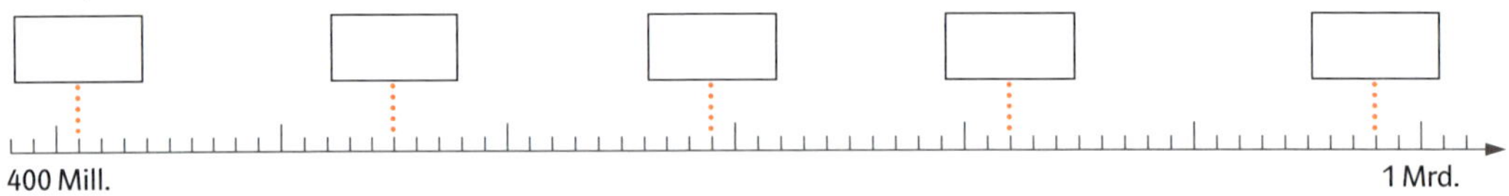

2 **Wo befinden sich diese Zahlen auf dem Zahlenstrahl? Schreibe sie an die richtige Stelle.**

500 000 000; 900 000 000; 740 000 000; 110 000 000; 355 000 000

3 **Welche Zahl liegt jeweils genau in der Mitte?**

a)
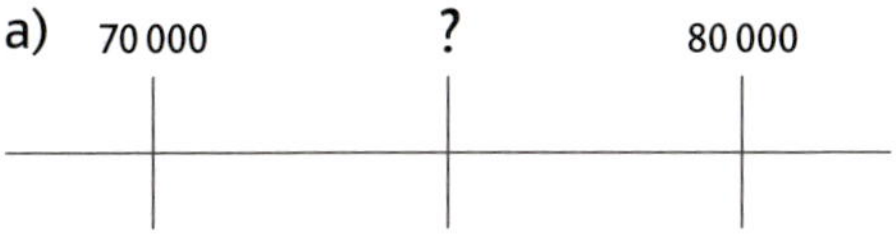

b)
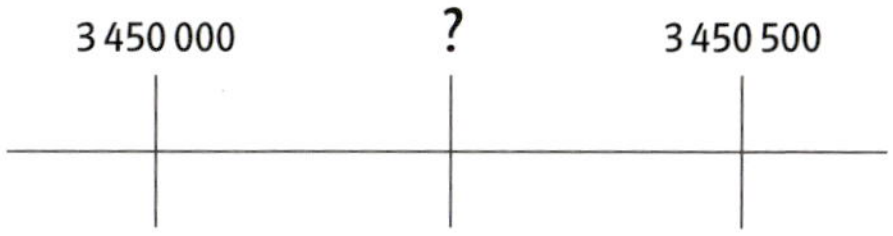

4 **Wie viele natürliche Zahlen liegen zwischen 12 637 und 18 293?**

5 **Zeichne selbst einen Zahlenstrahl und markiere diese Zahlen:**

14 500, 16 000, 17 300, 17 000, 15 200

6 **Ordne die Zahlen mithilfe des Zahlenstrahls nach ihrer Größe. Beginne mit der kleinsten Zahl.**

6 000 000, 5 900 000, 6 100 000, 5 800 000, 6 050000

7 **In diesem Diagramm kannst du die Schüleranzahl von 4 Gymnasien ablesen. Als Maß für 100 Schüler wurden 2 mm gewählt. Man sagt auch 100 Schüler ≙ (d. h. entspricht) 2 mm. Nenne jeweils die richtige Anzahl.**

Bebenbach: *1800 Schüler*

Michelnau: ____________

Auwiese: ____________

Krötenburg: ____________

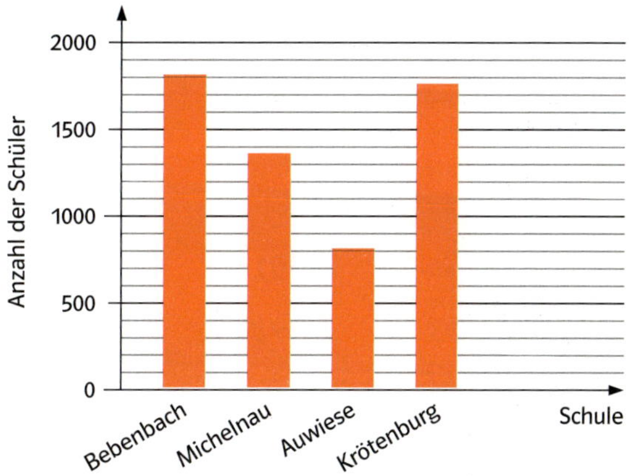

Große Zahlen können auch durch Strecken (hier: Säulen) veranschaulicht werden. Dabei musst du ein geeignetes Maß wählen.

Runden von Zahlen

Merke dir

Ab der Ziffer 5 wird aufgerundet, sonst abgerundet.
Soll auf Zehner gerundet werden, so entscheidet die Ziffer bei der Einerstelle, ob aufgerundet oder abgerundet wird.

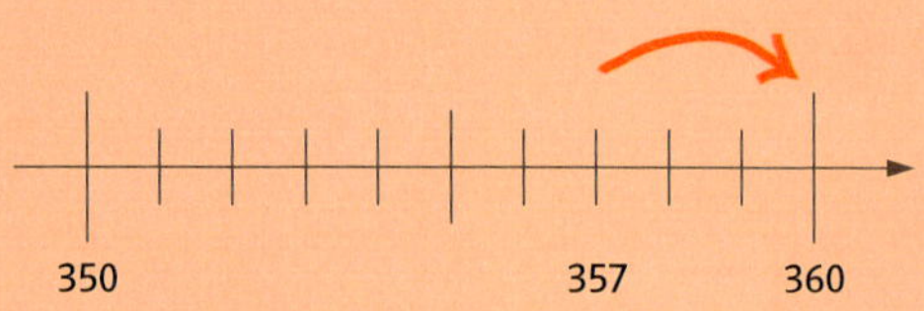

Beispiel: 357 soll auf Zehner gerundet werden:
357 ≈ 360, da bei der Ziffer 7 aufgerundet wird.

1 **Hier sind die Rundungsregeln dargestellt. Beschreibe diese kurz mit eigenen Worten.**

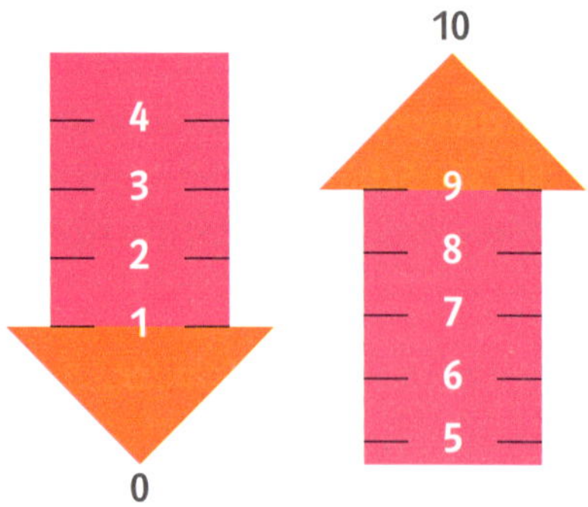

2 Runde auf Zehner.

a) 56: *60* b) 201 c) 465 d) 360 e) 351
f) 38 293 g) 39 829 h) 8887 i) 37 199

3 Runde auf Tausender.

a) 1389: *1000* b) 2883 c) 83 721 d) 38 293
e) 28 392 f) 29 383 g) 99 938 h) 39 281

4 An welcher Stelle wurde gerundet?

a) 3622 ≈ 3600 b) 8403 ≈ 8000 c) 72 834 ≈ 72 800 d) 70 940 ≈ 71 000

5 **Runde auf volle Euro.**

a) 291,30 €: *291 €* b) 2938,10 € c) 29 382,60 €

d) 2931,81 € e) 38 491,09 € f) 99 382,91 €

6 **Runde auf die größere Einheit.**

a) 8 cm 94 mm: *9 cm* 119 km 549 m 702 cm 5 mm

b) 606 kg 299 g 9 kg 903 g 499 kg 700 g

c) 839 € 27 ct 9 € 93 ct 3829 € 82 ct

7 **Runde die Zahlen auf volle Millionen (Mill.), Hundertausender (HT), Zehntausender (ZT) und Hunderter (H).**

	Mill.	HT	ZT	H
1 839 283	*2 000 000*	*180 000*	*184 000*	*1 839 300*
3 829 382				
4 907 327				
5 493 992				
22 038 478				

8 **Lies die Werte aus dem Diagramm. Runde sinnvoll.**

Stadt	Einwohner
Dresden	
Bremen	
Stuttgart	
Hannover	
Leipzig	

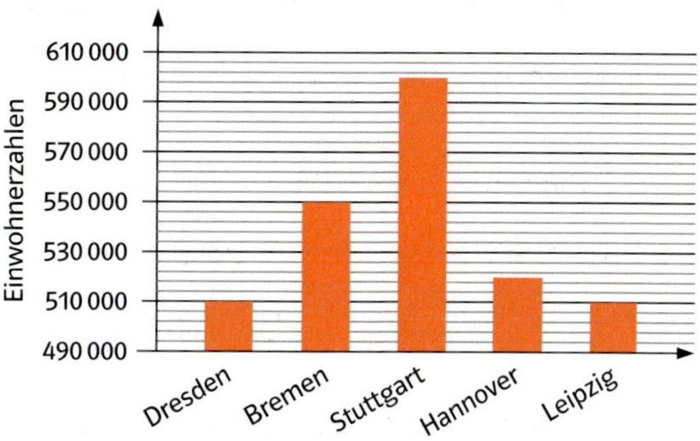

9 **Welche Ziffern können für x stehen?**

a) 373x6 ≈ 37 400 b) 739 xx ≈ 74 000 c) 72x 93x ≈ 720 000 d) 73 4xx ≈ 73 500

Zahlsysteme

Merke dir

Vom Zweiersystem ins Zehnersystem umrechnen

In unserem Zahlsystem verwenden wir die Ziffern von 0 bis 9. Sind Zahlen größer als 9, schreiben wir die Ziffern an andere Stellen, die für den Stellenwert wichtig sind. Allerdings kann man auch mit weniger Ziffern alle Zahlen darstellen. Dies geht z. B. im Zweiersystem, das vor allem in der Technik eine große Rolle spielt. Die Tabelle zeigt die Umrechnung vom Zweier- ins Zehnersystem.

Stellenwert	32 (2^5)	16 (2^4)	8 (2^3)	4 (2^2)	2 (2^1)	1 (2^0)
Darstellung im 2er-System	1	0	1	1	0	1
Darstellung im 10er-System	$(101101)_2 = \mathbf{1} \cdot 2^5 + \mathbf{0} \cdot 2^4 + \mathbf{1} \cdot 2^3 + \mathbf{1} \cdot 2^2 + \mathbf{0} \cdot 2^1 + \mathbf{1} \cdot 2^0$ $= \mathbf{32} + \mathbf{0} + \mathbf{8} + \mathbf{4} + \mathbf{0} + \mathbf{1} = (45)_{10}$					

1 Rechne die Zahlen vom Zweier- ins Zehnersystem um.

a) $(1110)_2$ b) $(11111)_2$ c) $(11110)_2$ d) $(1110\,011)_2$

e) $(1111111)_2$ f) $(11\,011\,001)_2$ g) $(10\,000\,011)_2$ h) $(110\,001\,101)_2$

2 Wie heißt der Nachfolger und der Vorgänger im Zweiersystem?

Vorgänger im Zweiersystem	Zahl im Zweiersystem	Nachfolger im Zweiersystem
	1110	
	111	
11101		
		11010

Merke dir

Vom Zehnersystem ins Zweiersystem umrechnen

Die umzurechnende Zahl muss in Zweierpotenzen dargestellt werden.

Beispiele: $35 = 1 \cdot 2^5\,(32) + 0 \cdot 2^4\,(16) + 0 \cdot 2^3\,(8) + 0 \cdot 2^2\,(4) + 1 \cdot 2^1\,(2) + 1 \cdot 2^0\,(1) = (100\,011)_2$

$17 = 1 \cdot 2^4\,(16) + 0 \cdot 2^3\,(8) + 0 \cdot 2^2\,(4) + 0 \cdot 2^1\,(2) + 1 \cdot 2^0\,(1) = (10\,001)_2$

3 **Wandle vom Zehner- ins Zweiersystem um.**

a) 33 b) 20 c) 45 d) 50

e) 70 f) 89 g) 125 h) 260

4 **Welche Ziffern verwenden wir im**

a) Dreiersystem? b) Vierersystem? c) Fünfersystem?

5 **Wandle jeweils vom angegebenen System ins Zehnersystem um.**

a) $(143)_5$ b) $(1221)_3$

c) $(33\,201)_4$ d) $(1111)_8$

Aufgabe 3 und der Merkkasten helfen dir.

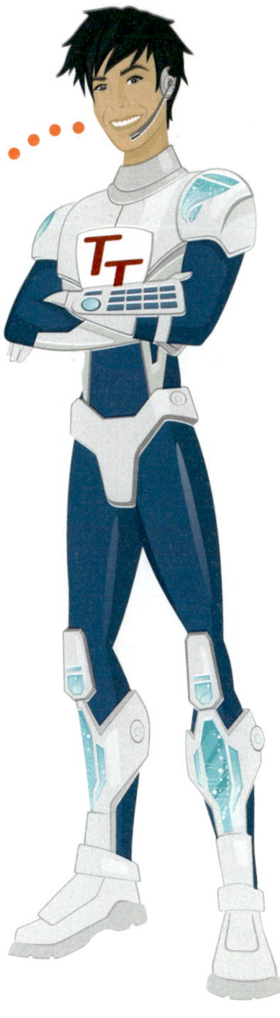

6 **Wandle alle Hunderterzahlen von 100 bis 500 vom Zehnersystem ins Zweiersystem um.**

7 **Wandle um.**

a) $(2510)_{10}$ ins Fünfersystem

b) $(1710)_{10}$ ins Dreiersystem

c) $(30)_{10}$ ins Dreiersystem

d) $(82)_{10}$ ins Neunersystem

Teiler, Vielfache, Primzahlen, ggT und kgV

Merke dir

Teiler und Teilbarkeitsregeln
Wenn man eine Zahl a durch eine Zahl b ohne Rest dividieren kann, dann ist b Teiler von a.

Beispiel: 4 ist Teiler von 8, da die Zahl 8 ohne Rest durch 4 dividiert werden kann.
Wir schreiben 4 | 8 (gelesen: 4 ist Teiler von 8).

Um herauszufinden, ob eine Zahl Teiler von einer anderen Zahl ist, gibt es hilfreiche Regeln:
- Eine Zahl ist durch 2 teilbar, wenn ihre letzte Ziffer eine 0, 2, 4, 6 oder 8 ist.
- Eine Zahl ist durch 5 (10) teilbar, wenn ihre letzte Ziffer eine 0 oder 5 ist.
- Eine Zahl ist durch 4 teilbar, wenn die Zahl, die sich aus ihren letzten beiden Ziffern bilden lässt, durch 4 teilbar ist.
- Eine Zahl ist durch 3 (9) teilbar, wenn ihre Quersumme durch 3 (9) teilbar ist.
- Eine Zahl ist durch 6 teilbar, wenn sie durch 2 und durch 3 teilbar ist.
- Eine Zahl ist durch 25 teilbar, wenn die Zahl aus ihren letzten beiden Ziffern durch 25 teilbar ist.

1 **Welche der Aussagen sind wahr oder falsch? Schreibe w oder f.**

a) 5 | 10	b) 4 | 22	c) 6 | 54	d) 12 | 108
e) 13 | 133	f) 15 | 300	g) 17 | 289	h) 100 | 1000
i) 2 | 12 451	j) 5 | 10 205	k) 10 | 1 051 215	l) 3 | 1245
m) 6 | 17 242	n) 9 | 47 853	o) 4 | 52 080	p) 25 | 140 016

2 **Im Ortenberger Schwimmbad kostet der Eintritt für jeden Besucher 6 €. Hier siehst du die Einnahmen der letzten vier Tage. Können die Einnahmen stimmen? Begründe.**

Datum	24.07.08	25.07.08	26.07.08	27.07.08
Einnahmen in €	2742	2016	2870	2432

3 **Stimmt das? Wenn eine Zahl durch 4 und durch 25 teilbar ist, dann ist sie auch durch 100 teilbar. Begründe.**

Merke dir

- **Teilermengen** Alle Teiler einer Zahl fasst man in der Teilermenge zusammen.
  Beispiel: $T_{20} = \{1, 2, 4, 5, 10, 20\}$
- **Vielfache** Die Zahlen, die sich beim Multiplizieren einer Zahl a mit 1, 2, 3 … ergeben, heißen Vielfache von a. Jede Vielfachmenge hat unendlich viele Elemente.
  Beispiel: $V_5 = \{5, 10, 15, 20, 25, 30 \ldots\}$
- **Primzahl** Eine Primzahl ist eine Zahl, die nur durch 1 und sich selbst teilbar ist.
  Beispiel: $T_7 = \{1, 7\}$, also ist 7 eine Primzahl.
- **ggT** Der **g**rößte **g**emeinsame **T**eiler zweier Zahlen wird mit **ggT** abgekürzt.
  Beispiel: Gesucht wird der ggT (12; 20).
  $T_{12} = \{1, 2, 3, \mathbf{4}, 6, 12\}$ $T_{20} = \{1, 2, \mathbf{4}, 5, 10, 20\}$ also ist der ggT (12; 20) = **4**
- **kgV** Das **k**leinste **g**emeinsame **V**ielfache zweier Zahlen wird mit **kgV** abgekürzt.
  Beispiel: Gesucht wird das kgV (4; 5).
  $V_4 = \{4, 8, 16, \mathbf{20}, 24, 28 \ldots\}$ $V_5 = \{5, 10, 15, \mathbf{20}, 25 \ldots\}$ also ist kgV (4; 5) = **20**

4 **Wie heißen jeweils die Elemente dieser Teilermengen?**

a) T_{10} b) T_{40} c) T_{80} d) T_{100} e) T_{200}

5 **Jonas hat 30 Spielkarten in der Hand. Alle Karten müssen verdeckt und übersichtlich auf den Tisch gelegt werden. Er könnte alle 30 Karten in eine Reihe legen. Wie könnte Jonas die Karten noch auf den Tisch legen, sodass in jeder Reihe gleich viele Karten liegen? Schreibe alle Möglichkeiten auf.**

6 **Schreibe zu diesen Vielfachmengen die ersten sieben Elemente auf.**

a) V_{10} b) V_9 c) V_{12} d) V_{17} e) V_{26}

7 **Schreibe alle Primzahlen zwischen 0 und 100 auf.**

8 **Bestimme den ggT.**

a) ggT (8; 12) b) ggT (14; 52) c) ggT (55; 77) d) ggT (30; 75; 90)

9 **Bestimme das kgV.**

a) kgV (5; 6) b) kgV (8; 16) c) kgV (7; 13) d) kgV (5; 6; 20)

10 **Vom Hauptbahnhof in Nidda fährt alle 6 Minuten ein Zug und alle 8 Minuten ein Bus ab. Nach wie vielen Minuten fahren wieder gleichzeitig ein Bus und ein Zug ab?**

Abschlusstest: Natürliche Zahlen

Der Abschlusstest ist in fünf verschiedene Themenbereiche untergliedert. Du musst nur die Bereiche bearbeiten, in denen du vorher Schwierigkeiten hattest und bereits die Übungen dazu gelöst hast.

Große Zahlen

1 **Trage diese Zahlen richtig in die Stellentafel ein.**

8 382 920 384; 384 928 342; 700 Bill. 400 Mrd. 7 HT 1 E;
1300 Mrd. 293 Mill. 17 ZT 99 E

Billionen			Milliarden			Millionen			Tausender			Einer		
H	Z	E	H	Z	E	H	Z	E	H	Z	E	H	Z	E

2 **Schreibe die Zahlen mit Ziffern.**

a) dreihundert Milliarden neunundneunzigtausend

b) vierhundert Billionen sechshundertvierzig Millionen dreiundneunzig

3 **Zähle weiter und schreibe die nächsten drei Zahlen auf.**

a) 88 337, 88 338, 88 339, ____________, ____________, ____________

b) 928 396, 928 397, 928 398, ____________, ____________, ____________

Darstellung von Zahlen

4 **Wie heißen die Zahlen am Zahlenstrahl? Trage diese ein.**

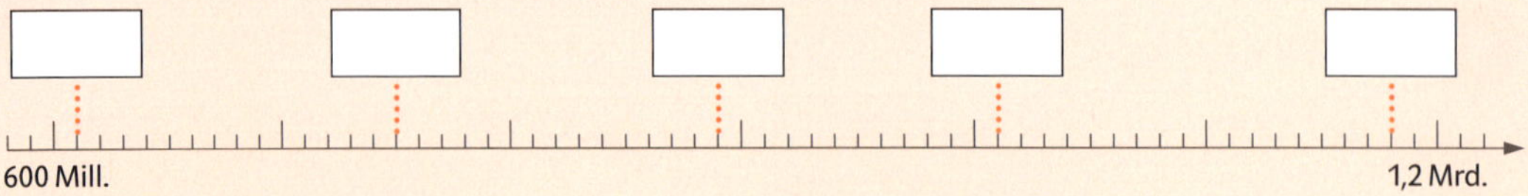

5 **Wo befinden sich diese Zahlen am Zahlenstrahl?**

300 000 000; 800 000 000; 640 000 000; 120 000 000; 455 000 000

6 **In diesem Diagramm findest du die Anzahl der Beschwerden von Flugpassagieren in den letzten Jahren. Die Anzahlen sind auf Hunderter gerundet.**
Schreibe jeweils die Anzahl auf.

2007: ______________

2008: ______________

2009: ______________

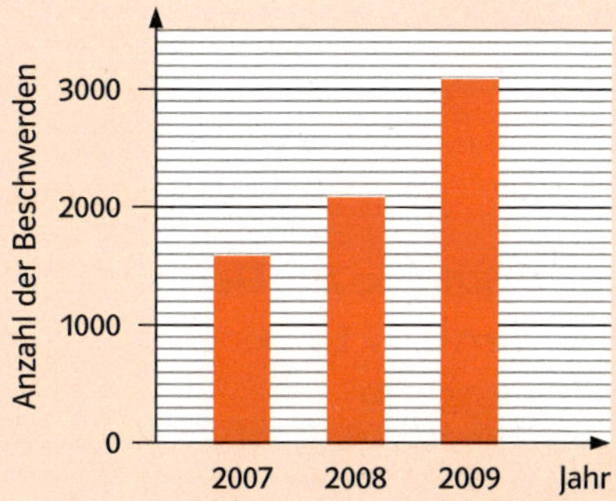

Runden von Zahlen

7 **Runde die Zahlen auf die angegebene Stelle.**

a) 38 492 (T) b) 84 938 (H) c) 489 373 (HT) d) 493 837 (ZT)

8 **Die Stadt Frankfurt hat gerundet auf ZT ungefähr 650 000 Einwohner. Zwischen welchen Zahlen liegt die genaue Einwohnerzahl?**

9 **„Wenn man mein Taschengeld auf Zehner rundet, bekomme ich alle zwei Wochen 10 € Taschengeld", sagt Steffi. Malte meint, dass dies auch auf sein Taschengeld zutrifft. Um wie viel Euro können sich die Taschengeldbeträge von Malte und Steffi in einem Monat unterscheiden?**

Zahlsysteme

10 **Stelle diese Zahlen im Zehnersystem dar.**

a) $(1101)_2$ b) $(100101)_2$ c) $(1100010)_2$ d) $(1100001)_2$

e) $(1111)_5$ f) $(43201)_5$ g) $(22101)_3$ h) $(123)_4$

11 **Wandle um.**

a) $(30)_{10}$ ins Zweiersystem
b) $(45)_{10}$ ins Zweiersystem
c) $(68)_{10}$ ins Zweiersystem
d) $(80)_{10}$ ins Zweiersystem
e) $(30)_{10}$ ins Fünfersystem
f) $(75)_{10}$ ins Fünfersystem

12 **Mit Lampen kann man Zahlen im Zweiersystem darstellen. Schreibe die dargestellte Zahl im Zweiersystem und wandle in das Zehnersystem um.**

Tipp: Eine brennende Lampe bedeutet 1.

Teiler, Vielfache, Primzahlen, ggT und kgV

13 **Schreibe alle Elemente der Teilermenge auf. Und nenne bei den Vielfachmengen die ersten 7 Elemente.**

a) T_{20} b) T_{48} c) T_{60} d) V_7 e) V_{16}

14 **Bauer Meier möchte an einer Seite seiner Schafsweide (Länge 326 m) einen Zaun setzen. Alle 6 m soll dazu ein Pfosten gesetzt werden. Kann dieser gleichmäßige Abstand eingehalten werden?**

15 **Bestimme den ggT und das kgV.**

Aufgabe	1. Zahl	2. Zahl	ggT	kgV
a)	14	21		
b)	9	7		
c)	42	18		

16 **Die 4 Freunde Johnny, Timmy, Susi und Steffi treffen sich regelmäßig auf dem Minigolfplatz. Johnny ist immer da. Timmy ist jeden zweiten Tag da. Susi ist jeden dritten Tag anwesend, während Steffi nur jeden vierten Tag kommt. Zuletzt waren sie alle an einem Donnerstag gemeinsam auf dem Minigolfplatz. An welchem Wochentag treffen sich alle wieder gemeinsam zum Golfen?**

Die Testauswertung findest du in den Lösungen auf S. 124.

2 Mit natürlichen Zahlen rechnen

Addition, Subtraktion, Multiplikation und Division. Das Ganze kann man im Kopf oder auch schriftlich durchführen. Sicherlich weißt du noch viel darüber aus der Grundschulzeit. Wie alles funktioniert, auch in einem größeren Zahlenraum, erfährst du in diesem Kapitel.

- Mach zuerst den Diagnosetest und vergleiche deine Antworten mit den Lösungen ab S. 125.
- Die Auswertungstabelle im Lösungsteil zeigt dir, was du schon gut kannst und was du noch üben solltest.
- Trainiere nach der Auswertung die Bereiche, in denen du noch Fehler gemacht hast. Genaue Seitenangaben findest du in der Tabelle.
- Mit dem Abschlusstest ab S. 42 findest du heraus, ob du richtig fit bist.

Addition und Subtraktion

1 **Wie nennt man die einzelnen Zahlen in Additions- und Subtraktionsaufgaben? Beschrifte.**

a) 46 + 42 = 88

____ ____ ____

b) 96 − 63 = 33

____ ____ ____

2 **Berechne die fehlenden Zahlen.**

a) 40 + 32 = ____ b) 64 + 34 = ____ c) 82 + ____ = 90 d) ____ + 45 = 89

e) ____ + 32 = 66 f) 76 − 41 = ____ g) 48 − 25 = ____ h) 85 − ____ = 31

i) ____ − 55 = 83 j) ____ − 53 = 32

3 **Welche Rechengesetze gelten bei der Addition und Subtraktion? Kreuze an und schreibe ein Beispiel dazu auf.**

a) Kommutativgesetz

Subtraktion: ◯ ja ◯ nein Beispiel: ____

Addition: ◯ ja ◯ nein Beispiel: ____

b) Assoziativgesetz

Subtraktion: ◯ ja ◯ nein Beispiel: ____

Addition: ◯ ja ◯ nein Beispiel: ____

Schriftliches Addieren

Überprüfe, was du noch üben solltest.

4 **Schreibe die Aufgaben richtig untereinander und rechne schriftlich.**

a) 749 + 849 b) 8406 + 3849

c) 77 328 + 284 + 4849 d) 9583 + 38 219 + 23 008

5 Frau Sonnen-Blume vermietet 4 Häuser. Diese bringen ihr monatlich Einnahmen von 515,75 €, 1093 €, 677,78 € und 847 €.

____

Schriftliches Subtrahieren

6 Schreibe die Aufgaben richtig untereinander und rechne schriftlich.

a) 837 − 394 b) 7048 − 4449 c) 10 958 − 394 − 6938 d) 33 005 − 7482 − 18 491

7 Frau Wirsing hat sich vor 3 Jahren ein neues Auto für 26 700 € gekauft. Jetzt möchte sie es wieder verkaufen. Der Autohändler bietet ihr 14 900 € an.

____

Multiplikation und Division

8 Wie nennt man die einzelnen Zahlen in Multiplikations- und Divisionsaufgaben? Beschrifte.

a) 17 · 7 = 119 b) 168 : 21 = 8

_______ _______ _______ _______ _______ _______

9 Berechne die fehlenden Zahlen.

a) 12 · 3 = ____ b) 15 · 6 = ____ c) 20 · ____ = 800 d) ____ · 15 = 120 e) ____ · 8 = 88

f) 72 : 3 = ____ g) 93 : 4 = ____ h) 65 : ____ = 13 i) 67 : 7 = ____ j) ____ : 16 = 6

10 Schreibe als Potenz.

a) 6 · 6 · 6 · 6 · 6 = ____ b) 14 · 14 · 14 = ____ c) 4 · 4 · 4 · 4 · 4 · 4 · 7 · 23 · 23 = ____

11 Schaffst du das auch umgekehrt?

a) 64 = ____ b) 100 = ____ c) 27 = ____ d) 625 = ____ e) 128 = ____

12 **Welche Rechengesetze gelten bei der Multiplikation und Division? Kreuze an, und schreibe ein Beispiel dazu auf.**

a) Kommutativgesetz

Multiplikation: ◯ ja ◯ nein Beispiel: ______________________

Division: ◯ ja ◯ nein Beispiel: ______________________

b) Assoziativgesetz

Multiplikation: ◯ ja ◯ nein Beispiel: ______________________

Division: ◯ ja ◯ nein Beispiel: ______________________

Schriftliches Multiplizieren

13 **Schreibe die Aufgaben richtig untereinander und rechne schriftlich.**

a) $583 \cdot 874$ b) $1008 \cdot 8473$ c) $8493 \cdot 9448$ d) 67^3

14 **Ein Hochhaus besitzt 32 Stockwerke. Die Treppe zu jedem Stockwerk besteht aus 23 Stufen. Wie viele Treppenstufen sind das insgesamt?**

____

Schriftliches Dividieren

15 **Rechne schriftlich.**

a) 8064 : 16

b) 205 938 : 34

c) 732 834 : 49

Die Testauswertung findest du in den Lösungen auf S. 126.

16 **Eine gute Sekretärin schafft am Computer 465 Anschläge pro Minute. Der Text umfasst 10 239 Buchstaben und Zeichen. Wie lange braucht sie zum Tippen?**

____

____

Addition und Subtraktion

Merke dir

Addition
Der Begriff Addition kommt aus dem Lateinischen: „additio" heißt übersetzt „Hinzufügung".

Die Aufgabe 17 + 21 bedeutet: „Addiere zur Zahl 17 die Zahl 21". Man kann auch sagen: „Zähle von der 17 aus 21 Einheiten weiter". Als Lösung erhält man die Zahl 38. Es ergibt sich durch die Addition zweier natürlicher Zahlen wieder eine natürliche Zahl.

Folgende Begriffe musst du dabei kennen:

17	+	21	=	38
Summand	plus	Summand		Summe

Zeigt man die Addition am Zahlenstrahl, so bedeutet diese eine Verschiebung nach rechts.

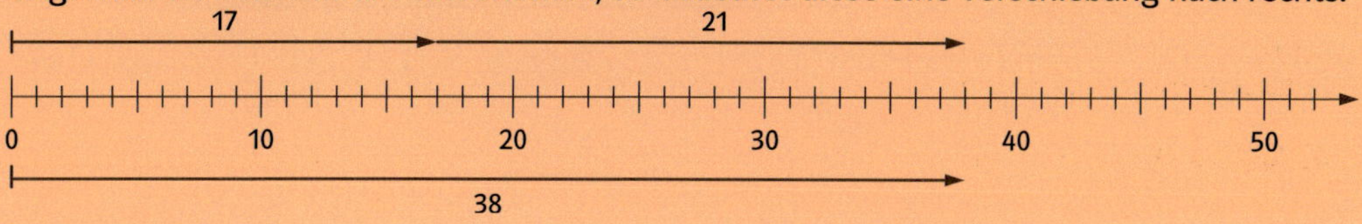

1 **Wie nennt man die Zahlen in Additionsaufgaben? Beschrifte die Aufgabe 14 + 28 = 42 in deinem Heft.**

2 **Wie heißt die Aufgabe? Berechne das Ergebnis.**

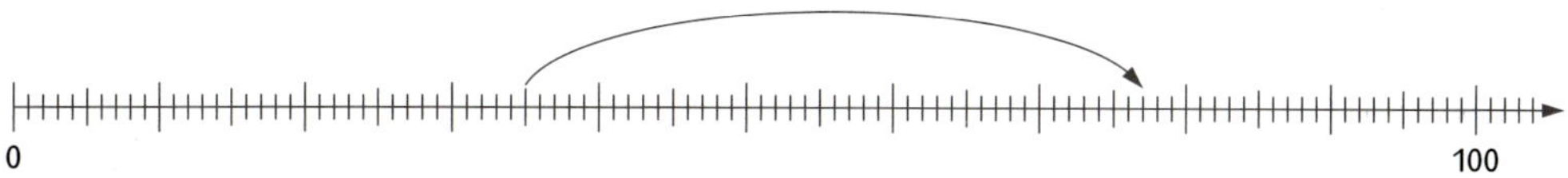

3 **Zeichne die Aufgabe an einem Zahlenstrahl wie in Aufgabe 2 und löse sie.**

a) 66 + 32 b) 54 + 54

4 **Berechne folgende Aufgaben im Kopf.**

a) 52 + 17 b) 23 + 23 c) 71 + 18 d) 30 + 60 e) 300 + 700

f) 203 + 452 g) 600 + 323 h) 222 + 444 i) 620 + 47 j) 58 + 431

5 **Ergänze die fehlenden Summanden.**

a) 56 + ____ = 88 b) 32 + ____ = 62 c) ____ + 45 = 88 d) ____ + 63 = 79

Merke dir

Subtraktion
Der Begriff Subtraktion stammt von dem lateinischen Wort „subtraho“ und heißt übersetzt „entziehen“ oder „entfernen“.

Die Aufgabe 66 − 43 bedeutet: „Ziehe von der Zahl 66 die Zahl 43 ab“. Man kann auch sagen: „Zähle von der 66 aus 43 Einheiten rückwärts“. Als Lösung erhält man die Zahl 23. Es ergibt sich durch die Subtraktion zweier natürlicher Zahlen wieder eine natürliche Zahl.

Folgende Begriffe musst du dabei kennen:

66	−	43	=	23
Minuend	minus	Subtrahend		Differenz (Unterschied)

Veranschaulicht man die Addition am Zahlenstrahl, so bedeutet diese eine Verschiebung nach links.

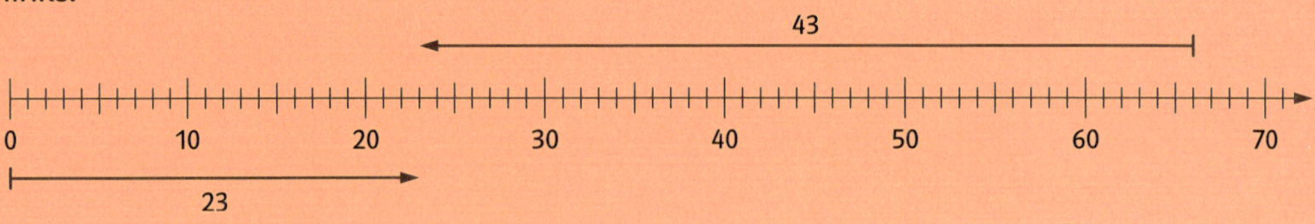

6 **Wie nennt man die Zahlen in einer Subtraktionsaufgabe? Beschrifte die Aufgabe 84 − 63 = 21 in deinem Heft.**

7 **Wie heißt die Aufgabe? Berechne sie.**

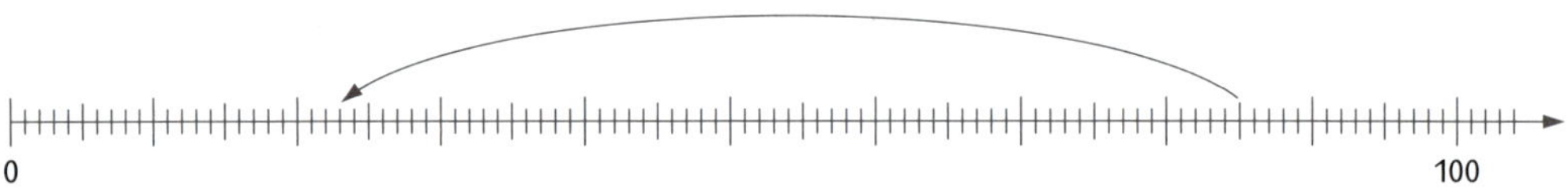

8 **Zeichne die Aufgabe an einem Zahlenstrahl wie in Aufgabe 7 und löse sie.**

a) 77 − 35 b) 87 − 56

9 **Rechne folgende Aufgaben im Kopf.**

a) 98 − 58 b) 67 − 53 c) 55 − 33 d) 78 − 72 e) 720 − 510

f) 670 − 560 g) 7800 − 5300 h) 672 − 451 i) 773 − 250 j) 684 − 62

10 **Ergänze die fehlenden Zahlen.**

a) 76 − ____ = 34 b) 98 − ____ = 27 c) ____ − 45 = 51 d) ____ − 41 = 47

Merke dir

Rechengesetze bei der Addition und Subtraktion

1. Kommutativgesetz
Das Kommutativgesetz heißt übersetzt Vertauschungsgesetz.
Bei der Addition gilt: $12 + 33 = 33 + 12$. In Worten:
In einer Summe dürfen die Summanden vertauscht werden.
Dies gilt bei der Subtraktion nicht, denn $10 - 3 \neq 3 - 10$. $\neq$ bedeutet „ungleich".

2. Assoziativgesetz
Das Assoziativgesetz heißt übersetzt Verbindungsgesetz.
Bei der Addition gilt: $(12 + 24) + 51 = 12 + (24 + 51)$. In Worten: Die einzelnen Summanden einer Summe dürfen beliebig miteinander verbunden werden. Klammern dürfen dabei beliebig gesetzt werden. Dies gilt bei der Subtraktion nicht, denn

$$(10 - 6) - 2 \neq 10 - (6 - 2)$$
$$4 - 2 = 2 \neq 10 - 4$$
$$2 \neq 6$$

11 **Denke an die Rechengesetze und berechne die Aufgaben vorteilhaft im Kopf. Schreibe die Zwischenschritte auf.**

a) 54 + 17 + 26 = *54 + 26 + 17 = 80 + 17 = 97*

b) 35 + 38 + 12

c) 359 + 26 + 1

d) 59 + 18 + 202

12 **In einem Zug sitzen 122 Fahrgäste. An der nächsten Station steigen 29 hinzu, später noch einmal 18 Personen. Wie viele Fahrgäste sitzen im Zug?**

Diese Regeln gelten immer: Was in den Klammern steht, muss immer zuerst ausgerechnet werden! Und immer Punkt- vor Strichrechnung!

Schriftliches Addieren

Merke dir

Beim schriftlichen Addieren ist es besonders wichtig, zunächst die Zahlen stellengerecht untereinanderzuschreiben: Einer unter Einer, Zehner unter Zehner usw.

Beispiel: 365 + 627 + 1083

gerechnet:	gesprochen:	
3 + 7 + 5 = 15	3 10 15:	Schreibe 5, übertrage 1
1 + 8 + 2 + 6 = 17	1 9 11 17:	Schreibe 7, übertrage 1
1 + 0 + 6 + 3 = 10	1 1 7 10:	Schreibe 0, übertrage 1
1 + 1 = 2	1 2:	Schreibe 2

		3	6	5
+		6	2	7
+	1	0	8	3
	1	1	1	
	2	0	7	5

1 **Löse schriftlich.**

a)

		3	6	4
+		3	4	7

b)

	4	3	8	2
+	8	7	2	3

c)

	3	8	4	9
+		3	8	4
+	9	7	2	8

d)

	8	8	3	7
+	8	3	7	1
+	7	0	0	7

2 **Schreibe die Aufgaben richtig untereinander und rechne schriftlich.**

a) 773 + 376 b) 8394 + 86 c) 738 + 8837 d) 837 + 374 + 4404 e) 7394 + 83 + 483

3 **Herr Klemm fährt 276 km mit seinem Auto zu einem Termin in Höchststadt. Anschließend fährt er weitere 475 km. Um wieder zur Firma zu kommen, muss er weitere 285 km fahren.**

4 **Hier siehst du die Einnahmen des Freibades „Am Wäldchen" für jeden Wochentag. Wie hoch waren die Gesamteinnahmen in dieser Woche?**

Wochentag	Montag	Dienstag	Mittwoch	Donnerstag	Freitag	Samstag	Sonntag
Einnahmen	2093,70€	1677,50€	1725,20€	1673,80€	2573,80€	3583,90€	4001,40€

5 **Ergänze die fehlenden Ziffern.**

a)

	6	3		4
+		3	8	
		7	5	8

b)

			3	8	4
+				2	8
+			3	8	4
	1	0	4		

c)

		5		0	4
+		4			7
+		7	7	4	
	1	7	2	5	9

d)

		8	4	7		1
+			3	9	4	8
+			0	0	3	1
+		1	8		7	4
	1	8	7	1	0	

6 **Fülle die Zahlenmauern aus.**

a)

14846			
6374	8472	5738	4072

b)

		25748	
1407			
	746	8473	

7 a) Was denkst du, was mit der Zahl im obersten Stein der Zahlenmauer in Aufgabe 6 a) passiert, wenn jede Zahl in der unteren Reihe um 60 größer wird?

b) Überprüfe deine Vermutung, indem du nachrechnest.

Denke daran:
Vergiss nicht, den Übertrag aufzuschreiben!

Schriftliches Subtrahieren

Merke dir

Beim schriftlichen Subtrahieren ist es besonders wichtig, zunächst die Zahlen stellengerecht untereinanderzuschreiben: Einer unter Einer, Zehner unter Zehner usw.

Beispiel: 6194 − 3744 − 504

Beim schriftlichen Subtrahieren gibt es 2 mögliche Verfahren:

	6	1	9	4
−	3	7	4	4
−		5	0	4
	2		1	
	1	9	4	6

1. Das Ergänzungsverfahren

gerechnet:	gesprochen:
4 + 4 + **6** = 14	4 plus 4 gleich 8, 8 bis 14 gleich 6: schreibe 6, übertrage 1
1 + 0 + 4 + **4** = 9	1 plus 0 plus 4 gleich 5, 5 bis 9 gleich 4: schreibe 4
5 + 7 + **9** = 21	5 plus 7 gleich 12, 12 bis 21 gleich 9: schreibe 9, übertrage 2
2 + 3 + **1** = 6	2 plus 3 gleich 5, 5 bis 6 gleich 1: schreibe 1

2. Das Subtraktionsverfahren

gerechnet:		gesprochen:
4 + 4 = 8	14 − 8 = 6	4 plus 4 = 8, 4 minus 8, geht nicht, also 14 − 8 gleich 6: schreibe 6, übertrage 1
1 + 0 + 4 = 5	9 − 5 = 4	1 plus 0 plus 4 = 5, 9 minus 5 gleich 4: schreibe 4
5 + 7 = 12	21 − 12 = 9	5 plus 7 = 12: 1 minus 12: geht nicht, also 21 − 12 gleich 9: schreibe 9, übertrage 2
2 + 3 = 5	6 − 5 = 1	2 plus 3 = 5: 6 minus 5 gleich 1: schreibe 1

Denke daran: Vergiss nicht, die Zehnerüberschreitung zu notieren!

1 Löse schriftlich.

a)

	6	3	4
−	3	4	7

b)

	8	0	3
−	4	8	8

c)

	7	4	3	6
−	5	9	0	7

d)

	8	8	5	9
−	3	6	4	7
−	2	8	4	7

e)

	7	5	0	4
−	1	9	0	4
−	3	8	4	7

2 **Schreibe die Aufgaben richtig untereinander und rechne schriftlich.**

a) 648 – 483   b) 847 – 673   c) 7615 – 938   d) 5004 – 3647   e) 4583 – 1839 – 773

3 **Herr Kroner verkauft seine Wohnung für 186 500 €. Vor 4 Jahren hat er dafür noch 210 000 € bezahlt. Wie viel Geld bekommt er weniger?**

4 **Hier sind die pro Tag verkauften Tickets für das Konzert von Shera Konor in einer Tabelle dargestellt. Insgesamt hat die Halle für 25 000 Personen Platz. Wie viele Karten sind noch übrig?**

Wochentag	Montag	Dienstag	Mittwoch	Donnerstag	Freitag	Samstag	Sonntag
Tickets	4897	3512	2897	1975	2146	2008	1906

5 **Ergänze die fehlenden Ziffern.**

a)

	8	9	4
–	☐	4	7
	5	☐	☐

b)

	7	☐	☐	6
–	3	6	7	4
	3	3	6	☐

c)

	7	7	7	2
–	3	☐	☐	1
–	2	7	0	4
	1	1	8	☐

d)

	8	4	3	6
–	☐	7	0	4
–	4	0	☐	3
		6	3	☐

6 **Fülle die Zahlenmauern aus.**

a)

8384	4793	3018	1825
3591			

(Reihen: 4 Steine / 3 Steine / 2 Steine / 1 Stein)

b)

	7188	5704	
2405		984	

(Reihen: 4 Steine / 3 Steine / 2 Steine / 1 Stein)

7 **Ergänze die Zahlen in der Zahlenmauer, so, dass im untersten Stein eine Null steht.**

16 038		6484	
	3333		
0			

(Reihen: 4 Steine / 3 Steine / 2 Steine / 1 Stein)

Multiplikation und Division

Merke dir

Multiplikation
Der Begriff Multiplikation kommt von dem lateinischen Wort „multiplicatio“ und heißt übersetzt „das Vervielfachen“.

Die Aufgabe $3 \cdot 12$ ist eine Abkürzung und bedeutet: $12 + 12 + 12$. Diese Abkürzung nennt man Produkt. Allgemein gilt:

$$\underbrace{b + b + b + \ldots + b}_{a \text{ Summanden}} = a \cdot b \qquad \text{mit} \quad a \in \mathbb{N}, b \in \mathbb{N}$$

Ein Produkt ist also die Summe gleicher Summanden.
Durch die Multiplikation zweier natürlicher Zahlen entsteht wieder eine natürliche Zahl.

Folgende Begriffe musst du dabei kennen:

3	·	12	=	36
1. Faktor	mal	2. Faktor		ausgerechnetes Produkt

Produkt (unausgerechnetes Produkt) – unter „3 · 12“

Zeigt man die Multiplikation am Zahlenstrahl, so ergibt sich eine Verschiebung nach rechts.

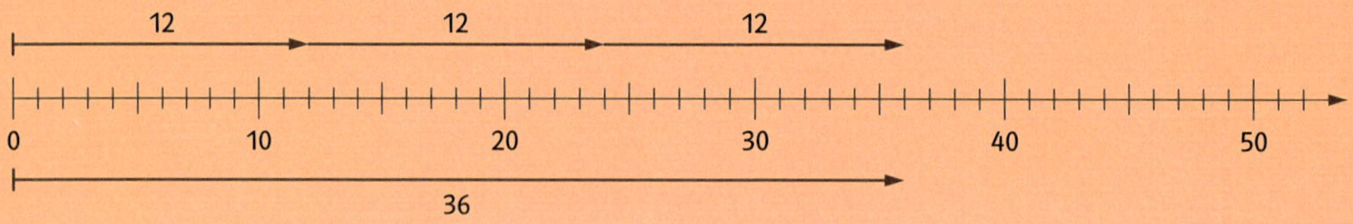

1 **Schreibe als Produkt.**

a) $14 + 14 + 14 + 14 + 14 + 14 + 14$

b) $6 + 6 + 6 + 6$

c) $54 + 54 + 54 + 54 + 54 + 54 + 54 + 54 + 54$

2 **Wie nennt man die Zahlen in der Multiplikationsaufgabe?**

$13 \cdot 12 = 156$

_________________ _________________ _________________

3 **Wie heißt die jeweilige Aufgabe?**

a)

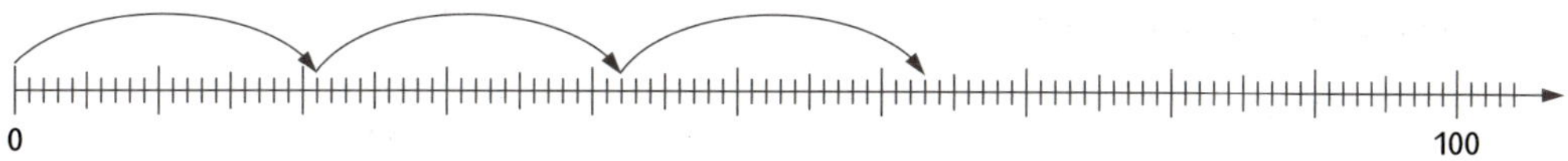

b)

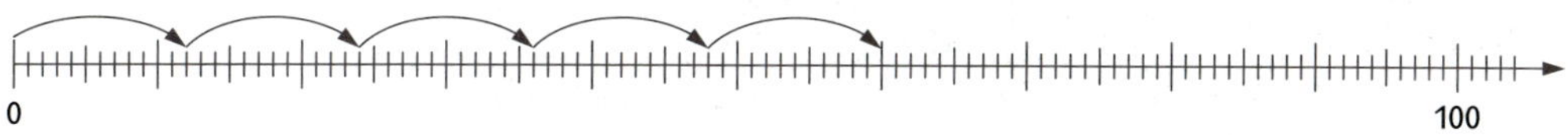

4 **Zeichne die Aufgabe am Zahlenstrahl wie in Aufgabe 3 und löse diese.**

a) $3 \cdot 18$ b) $6 \cdot 13$

5 **Rechne folgende Aufgaben im Kopf.**

a) $4 \cdot 20$ b) $3 \cdot 300$ c) $2 \cdot 43$ d) $8 \cdot 12$ e) $10 \cdot 49$

f) $7 \cdot 17$ g) $6 \cdot 15$ h) $4 \cdot 208$ i) $9 \cdot 40$ j) $8 \cdot 6000$

6 **Wie heißen die fehlenden Faktoren?**

a) 6 · ____ = 54 b) 5 · ____ = 80 c) ____ · 17 = 85 d) ____ · 205 = 1025

e) 8 · ____ = 864

7 **Findest du hier verschiedene Produkte, die zum Ergebnis führen?**

a) 48 = _________ = _________ = _________ = _________

b) 144 = _________ = _________ = _________ = _________

Merke dir

Potenzen
Der Begriff Potenz kommt von dem lateinischen Wort „potentia“ und heißt übersetzt „Macht“.

Betrachte diese Aufgabe: $4 \cdot 4 \cdot 4 \cdot 5 \cdot 7 \cdot 7 \cdot 7 \cdot 7$
Für diese Aufgabe schreibt man kürzer: $4^3 \cdot 5 \cdot 7^4$

Ein Rechenausdruck der Form a^b heißt Potenz. Die Hochzahl gibt an, wie oft die Basis a mit sich selbst multipliziert wird.
Beispiel:

3^3 = 27

Grundzahl Hochzahl — Potenzwert

Potenz (unausgerechnete Potenz) — (ausgerechnete Potenz)

$$3^4 = 3 \cdot 3 \cdot 3 \cdot 3 = 81$$

Eine Potenz ist ein Produkt aus gleichen Faktoren.
Die Grundzahl wird auch als Basis und die Hochzahl als Exponent bezeichnet.
Beachte: $5^1 = 5$, $4^1 = 4$ … und $5^0 = 1$, $4^0 = 1$ …

8 **Schreibe als Potenz.**

a) $6 \cdot 6 \cdot 6 \cdot 6 \cdot 6 \cdot 6 \cdot 6$

b) $25 \cdot 25 \cdot 25 \cdot 25 \cdot 25$

c) $3024 \cdot 3024$

d) $5 \cdot 5 \cdot 5 \cdot 5 \cdot 7 \cdot 7 \cdot 12 \cdot 12 \cdot 12 \cdot 12$

e) $35 \cdot 35 \cdot 35 \cdot 35 \cdot 35 \cdot 35 \cdot 35 \cdot 117 \cdot 88 \cdot 88$

9 **Trage die ersten 10 Potenzwerte von 2 in die Tabelle ein. Tipp:** Schreibe die Potenzen als Multiplikationsaufgabe, z. B. $2^5 = 2 \cdot 2 \cdot 2 \cdot 2 \cdot 2$

2^1	2^2	2^3	2^4	2^5	2^6	2^7	2^8	2^9	2^{10}
2	4								

10 **Schreibe als Potenz.**

a) $9 = 3^2$ b) 32 c) 125

d) 49 e) 121 f) 27

Merke dir

Division
Der Begriff Division kommt von dem lateinischen Wort „dividere“ und heißt übersetzt „teilen“.

Folgende Begriffe musst du dabei kennen:

35	:	5	=	7
Dividend	durch	Divisor		ausgerechneter Quotient

Quotient (unausgerechneter Quotient): 35 : 5

Die Division ist die Umkehrung der Multiplikation – denn es gilt:

7	·	5	=	35
Quotient	**mal**	**Divisor**		**Dividend**

Es gibt folgende „Sonderfälle“:
1. Der Divisor ist 1: Das Ergebnis entspricht dem Dividenden (z. B.: 15 : 1 = 15).
2. Der Dividend ist 0: Das Ergebnis beträgt immer 0 (z. B.: 0 : 15 = 0).
3. Der Divisor ist 0: Durch die Zahl 0 kann man nicht dividieren (z. B.: 15 : 0 = leere Menge).
4. Der Dividend und der Divisor sind gleich: Das Ergebnis beträgt immer 1 (z. B.: 15 : 15 = 1).

Stellt man die Division am Zahlenstrahl dar, so bedeutet dies eine Verschiebung nach links.
Du kannst dabei fragen: „Wie oft lässt sich die Zahl 5 von 35 abziehen?“

35 – 5 – 5 – 5 – 5 – 5 – 5 – 5 = 0

7-mal (Anzahl der abgezogenen 5)

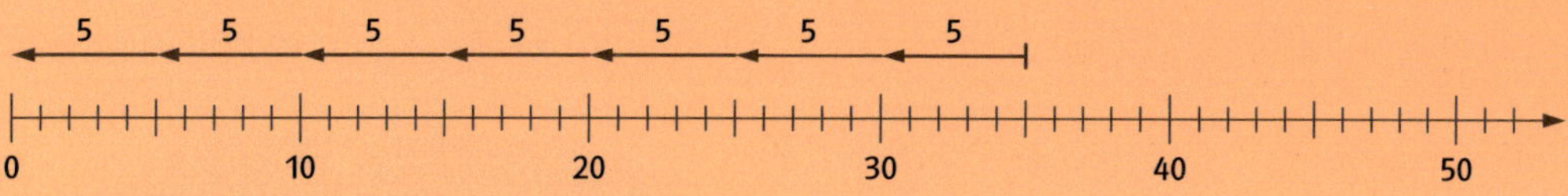

11 **Wie nennt man die Zahlen in der Divisionsaufgabe?**

71 : 18 = 4

____________ ____________ ____________

12 **Schreibe als Divisionsaufgabe.**

a) 14 · 7 = 98   b) 25 · 8 = 200   c) 87 · 4 = 348

d) 6 · 66 = 396   e) 5 · 145 = 725   f) 12 · 13 = 156

13 **Wie heißt jeweils die Aufgabe?**

a)

b)

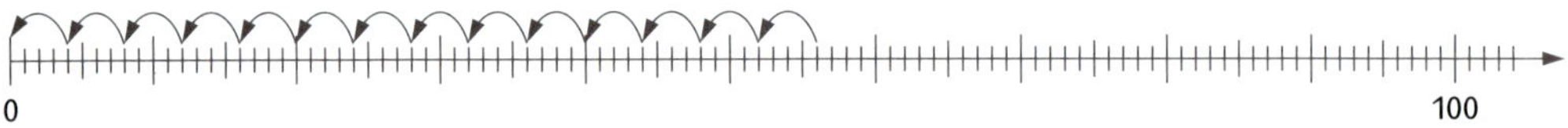

14 **Zeichne die Aufgabe am Zahlenstrahl wie im Merkkasten und löse diese.**

a) 64 : 4   b) 85 : 17

15 **Berechne im Kopf.**

a) 77 : 7   b) 800 : 2   c) 600 : 30   d) 1000 : 10   e) 80 : 5

f) 96 : 8   g) 54 : 3   h) 280 : 70   i) 68 : 4   j) 420 : 30

16 **Wie heißen die fehlenden Zahlen?**

a) 70 : ____ = 14   b) 72 : ____ = 12   c) ____ : 3 = 15   d) 91 : 7 = ____   e) 808 : ____ = 202

Merke dir

Division mit Rest
Manchmal bleibt beim Teilen ein Rest.

Beispiel: 9 : 4

Die Zahl 4 lässt sich 2-mal von der Zahl 9 abziehen. Es bleibt ein Rest von 1.
Man schreibt: 9 : 4 = 2 Rest 1 oder kurz: 9 : 4 = 2 R 1

17 **Berechne.**

a) 17 : 8 b) 29 : 4 c) 53 : 3 d) 74 : 6 e) 25 : 3

f) 53 : 12 g) 135 : 20 h) 99 : 10 i) 105 : 17 j) 684 : 150

18 **Schreibe 5 unterschiedliche Divisionsaufgaben mit dem Rest 7 auf.**

Merke dir

Rechengesetze bei der Multiplikation und Division

1. Kommutativgesetz
Das Kommutativgesetz heißt übersetzt Vertauschungsgesetz.
Bei der Multiplikation gilt: $11 \cdot 5 = 5 \cdot 11$. D.h. in einem Produkt dürfen die Faktoren vertauscht werden. Dies gilt bei der Division nicht, denn $10 : 2 \neq 2 : 10$.

2. Assoziativgesetz
Das Assoziativgesetz heißt übersetzt Verbindungsgesetz.
Bei der Multiplikation gilt: $(3 \cdot 4) \cdot 5 = 3 \cdot (4 \cdot 5)$. D.h. die einzelnen Faktoren eines Produktes dürfen beliebig miteinander verbunden werden. Klammern dürfen dabei beliebig gesetzt werden. Dies gilt bei der Division nicht, denn

$$(20 : 4) : 2 \neq 20 : (4 : 2)$$
$$5 : 2 \neq 20 : 2$$
$$2{,}5 \neq 10$$

19 **Denke an die Rechengesetze und rechne vorteilhaft im Kopf. Schreibe die Zwischenschritte auf.**

a) $2 \cdot 7 \cdot 8 \cdot 5 = (2 \cdot 5) \cdot (7 \cdot 8) = 10 \cdot 56 = 560$ b) $45 \cdot 4 \cdot 2 =$ ______ = ______ = ____

c) $4 \cdot 8 \cdot 25$ d) $5 \cdot 17 \cdot 2$ e) $7 \cdot 25 \cdot 8$ f) $4 \cdot 7 \cdot 15$

20 **Auf einer Palette wurde ein Stapel von $4 \cdot 6 \cdot 15$ Dosen verpackt.
Wie viele Dosen sind auf einer Palette?**

Eine Regel gilt jedoch immer: Was in den Klammern steht, muss immer zuerst ausgerechnet werden!

Schriftliches Multiplizieren

Merke dir

Auch beim schriftlichen Multiplizieren musst du sehr darauf achten, die Teilergebnisse unter die richtigen Zahlen zu schreiben: Einer beginnen unter den Einern, Zehner unter den Zehnern usw.

Beachte: Du beginnst mit der höchsten Stelle des zweiten Faktors (d. h. der zweiten Zahl).

Beispiel: 4026 · 312

Gerechnet: $4026 \cdot (300+10+2) = 4026 \cdot 300 + 4026 \cdot 10 + 4026 \cdot 2$
$= 1207800 + 40260 + 8052$
$= 1256112$

Sprechweise:

3 mal 6 gleich 18		schreibe 8, merke 1
3 mal 2 gleich 6,	6 plus 1 gleich 7	schreibe 7
3 mal 0 gleich 0		schreibe 0
3 mal 4 gleich 12		schreibe 12
1 mal 6 gleich 6		schreibe 6
1 mal 2 gleich 2		schreibe 2
1 mal 0 gleich 0		schreibe 0
1 mal 4 gleich 4		schreibe 4
2 mal 6 gleich 12		schreibe 2, merke 1
2 mal 2 gleich 4,	4 plus 1 gleich 5	schreibe 5
2 mal 0 gleich 0		schreibe 0
2 mal 4 gleich 8		schreibe 8.

4	0	2	6	·	3	1	2
	1	2	0	7	8	0	0
+			4	0	2	6	0
+				8	0	5	2
			1	1	1		
	1	2	5	6	1	1	2

Die im Beispiel blauen Nullen kannst du auch weglassen.

Jetzt musst du die Teilergebnisse addieren. Vergiss nicht, den Übertrag zu notieren!

1 **Löse schriftlich.**

a) 5374 · 6073

b) 6482 · 708

c) 6482 · 8303

d) 10837 · 8562

2 **Rechne ebenso.**

a) 604 · 485

b) 1983 · 707

c) 8492 · 3948

d) 20837 · 938

3 Ein Flugzeug legt pro Stunde 564 km zurück. Es fliegt 16 Stunden. Wie viele Kilometer hat das Flugzeug insgesamt zurückgelegt?

4 Beim Anbieter „Teltel" betragen die Kosten fürs Telefonieren mit dem Handy pro Minute 39 ct. Berechne die Kosten und trage sie in eine solche Tabelle ein.

Minuten	5 min	8 min	15 min	19 min	30 min	38 min	56 min
Kosten	195 ct						

5 Wie heißen die fehlenden Ziffern?

a)

5	1	2	·	7	8
	3		8	4	
+		4	0		6
	3	9			6

b)

	6	0	0	8	·			7
			6	0	0	8	0	0
+				6	0	0	8	0
+				4		0	5	
				0	2	9	3	6

c)

		7	3	6	·	3		7	
		2	0	2	0	8	0	0	0
+				6	7	3	6	0	0
+				4	7	1	5	2	0
+					2	0	2	0	8
		2	1					2	8

6 Berechne schriftlich den Potenzwert.

a) 234^2 b) 618^2 c) 371^3 d) 1078^4

7 Du hast diese Ziffernkarten: 2 3 5 7 9

Bilde damit eine zweistellige und eine dreistellige Zahl. Dabei soll das Produkt der beiden Zahlen möglichst klein sein.

Aufgabe: ______________ · ______________ = ________________

8 Svenja hat gerechnet:

Was hat sie falsch gemacht?
Rechne richtig und erkläre den Fehler.

5	6	3	4	·	6	1	3
			3	3	8	0	4
				5	6	3	4
			1	6	9	0	2
			1	2		1	
			5	6	3	4	0

Schriftliches Dividieren

Merke dir

Auch beim schriftlichen Dividieren müssen Teilberechnungen an die richtige Stelle geschrieben werden.

Du beginnst mit der höchsten Stelle des Dividenden (d.h. der ersten Zahl). Allerdings musst du so viele Stellen wählen, damit eine Division überhaupt möglich ist. Holst du für das Weiterrechnen die nächste Zahl herunter, muss sie in dieselbe Kästchenspalte geschrieben werden.

Beispiel: 7482 : 31

Sprechweise:
7 durch 31 geht nicht, also

74 durch 31 gleich 2:	schreibe 2,	rechne 2 mal 31 gleich 62
		rechne 74 minus 62 gleich 12, hole die 8 nach unten
128 durch 31 gleich 4:	schreibe 4,	rechne 4 mal 31 gleich 124
		rechne 128 minus 124 gleich 4, hole die 2 nach unten
42 durch 31 gleich 1:	schreibe 1,	rechne 1 mal 31 gleich 31
		rechne 42 minus 31 gleich 11, es bleibt Rest 11

	7	4	8	2	:	3	1	=	2	4	1	R	1	1
−	6	2												
	1	2	8											
−	1	2	4											
			4	2										
		−	3	1										
			1	1										

1 **Rechne schriftlich in deinem Heft.**

a) 6164 : 13　　b) 90 180 : 15　　c) 5217 : 111

d) 63 734 : 23　　e) 35 007 : 19　　f) 730 180 : 61

2 **Eine Tippgemeinschaft gewinnt beim Lotto 125 832 €. Sie besteht aus 12 Mitgliedern. Wie viel Euro bekommt jedes Mitglied?**

3 **Jan muss eine Rechnung in Höhe von 1700 € bezahlen. Er möchte nur mit 20-€-Scheinen bezahlen.**

4 **In einem Gewächshaus stehen 1805 Geranien in 19 Reihen. Wie viele Geranien stehen in jeder Reihe?**

5 **Wie heißen die fehlenden Ziffern?**

a)

7	3	5			:	9	=	8	1	6	9
7	2										
		9									
		6	2								
		5	4								

b)

	1	4	4	0	:		5	=	4	0			
6	0												
	1	4											
	1	3	5										
		9	0										
		9	0										
			0										

6 **Du hast diese Ziffernkarten:** 0 3 5 7 9

Bilde damit eine zweistellige und zwei dreistellige Zahl. Dabei soll der Quotient der beiden Zahlen möglichst groß sein.

Aufgabe: ______________ : ______________ = ________________

7 **Tim hat gerechnet:**

Was hat er falsch gemacht?
Rechne richtig und erkläre den Fehler.

7	2	8	9	1	:	1	3	=	5	6	7
6	5										
	7	8									
	7	8									
		0	9	1							
			9	1							
				0							

Abschlusstest: Mit natürlichen Zahlen rechnen

**Der Abschlusstest ist in sechs verschiedene Themenbereiche untergliedert.
Du musst nur die Bereiche bearbeiten, in denen du vorher Schwierigkeiten hattest und bereits die Übungen dazu gelöst hast.**

Addition und Subtraktion

1 Ergänze die fehlenden Zahlen.

a) 52 + 67 = ____ b) 83 + 17 = ____ c) 74 + ____ = 104 d) ____ + 65 = 91

e) ____ + 45 = 91 f) 84 − 32 = ____ g) 105 − 63 = ____ h) 97 − ____ = 42

i) ____ − 67 = 102 j) ____ − 73 = 182

2 Denke an die Rechengesetze und rechne vorteilhaft im Kopf. Schreibe die Zwischenschritte auf.

a) 87 − 28 − 17 = ________ = ________ = ____

b) 46 + 65 + 54 = ________ = ________ = ____

c) 3 + 498 + 97 = ________ = ________ = ____

d) (64 + 16 + 19) − 38 = ________ = ________ = ____

e) (84 + 88) + (6 + 12) = ________ = ________ = ____

f) 89 − (26 + 36 + 4) = ________ = ________ = ____

Schriftliches Addieren

3 Schreibe die Aufgaben richtig untereinander und rechne schriftlich.

a) 837 + 472 b) 10 839 + 7384 c) 7384 + 3829 + 7704 d) 849 + 28 392 + 2094

4 Lisa hat 1283,74 € gespart. Zu ihrer Konfirmation bekommt sie 529 € geschenkt. Zu ihrem Geburtstag erhält sie 97 €. Wie viel Geld hat sie insgesamt?

____

Schriftliches Subtrahieren

5 **Schreibe die Aufgaben richtig untereinander und rechne schriftlich.**

a) 637 – 593 b) 8038 – 5394 c) 9382 – 723 – 2938 d) 70 394 – 4382 – 10 839

6 **Jan hat 1794,45 € gespart. Er kauft sich ein Fahrrad für 379 € sowie eine neue Ausrüstung für 127,50 €. Wie viel Geld besitzt er noch?**

____

Multiplikation und Division

7 **Ergänze die fehlenden Zahlen.**

a) $17 \cdot 4 =$ ____ b) $25 \cdot 5 =$ ____ c) $30 \cdot$ ____ $= 900$ d) ____ $\cdot 12 = 96$ e) ____ $\cdot 7 = 105$

f) $75 : 3 =$ ____ g) $96 : 6 =$ ____ h) $102 :$ ____ $= 17$ i) $71 : 8 =$ ____ j) ____ $: 15 = 5$

8 **Schreibe als Potenz.**

a) $8 \cdot 8 \cdot 8 \cdot 8 \cdot 8 \cdot 8 \cdot 8 \cdot 8 \cdot 8 \cdot 8 =$ ______ b) $56 \cdot 56 \cdot 56 \cdot 56 =$ ______ c) $49 =$ ______

d) $7 \cdot 7 \cdot 7 \cdot 7 \cdot 6 \cdot 6 \cdot 6 =$ ______ e) $121 =$ ______ f) $216 =$ ______

9 **Denke an die Rechengesetze, und rechne vorteilhaft im Kopf. Schreibe die Zwischenschritte auf.**

a) $25 \cdot 7 \cdot 4 \cdot 7 =$ __________ = __________ = ____

b) $35 \cdot 7 \cdot 2 =$ __________ = __________ = ____

c) $4 \cdot 17 \cdot 25 =$ __________ = __________ = ____

d) $2 \cdot 38 \cdot 5 =$ __________ = __________ = ____

10 Vergleicht man das Lebensalter von Menschen mit dem von Tieren, so gelten die folgenden Regeln:
Man geht davon aus, dass ein Mensch etwa 80 Jahre alt wird. Bei einem Hund rechnet man mit etwa 12 Jahren, einer Katze etwa 10 Jahren, einem Papagei etwa 40 Jahren und einer Kuh etwa 20 Jahren.
Ein Hund altert also etwa 7-mal so schnell wie ein Mensch (denn 80 : 12 ergibt etwa 7).
Ein Menschenjahr entspricht also 7 Hundejahren. Vervollständige die Tabelle.

Menschenjahre	Hundejahre	Katzenjahre	Papageienjahre	Kuhjahre
1	7			
10				
20				
40				

Schriftliches Multiplizieren

11 Rechne schriftlich. Achte auf das richtige Untereinanderschreiben.

a) 883 · 374 b) 8374 · 7004 c) 3847 · 8319 d) 475^3

12 In einer Tüte befinden sich 1345 Bonbons. Jens kauft für seine Geburtstagsfeier 12 Tüten. Wie viele Bonbons kann er verteilen?

____

Schriftliches Dividieren

13 Rechne schriftlich in deinem Heft.

a) 10 836 : 21 b) 88 160 : 145 c) 2 023 974 : 37

d) 73 849 : 7 e) 38 492 : 33

14 In einem Abfüllbetrieb sollen 18 340 Flaschen in Kisten mit je 12 Flaschen verpackt werden.

____

3 Größen

Verschiedene Einheiten, verschiedene Umrechnungszahlen, Meter, Quadratmeter, Kubikmeter .... Hört sich irgendwie alles ganz schön kompliziert an. Wie kann sich das ein normaler Mensch nur alles merken? Wenn es dir genauso oder ähnlich geht, bist du hier genau an der richtigen Stelle. Wir machen dich zum Experten im Bereich der Größen. Das Ganze funktioniert eigentlich ohne großen Aufwand. Gehe einfach wie folgt vor:

- Mach zuerst den Diagnosetest und vergleiche deine Antworten mit den Lösungen ab S. 134.
- Die Auswertungstabelle im Lösungsteil zeigt dir, was du schon gut kannst und was du noch üben solltest.
- Trainiere nach der Auswertung die Bereiche, in denen du noch Fehler gemacht hast. Genaue Seitenangaben findest du in der Tabelle.
- Mit dem Abschlusstest ab S. 72 findest du heraus, ob du richtig fit bist.

Geld

1 **Wandle in die angegebene Einheit um.**

a) 34 € = ______ ct b) 534 ct = ______ € c) 5 € 8 ct = ______ ct

d) 139 € = ______ ct e) 805 ct = ______ € f) 8,50 € = ______ ct

g) 17 € 9 ct = ______ € h) 389 ct = ______ € i) 8,93 € = ______ € ______ ct

j) 2 938 203 ct = ______ € ______ ct

2 **Ordne die Beträge aus Aufgabe 1 nach ihrem Wert. Beginne mit dem kleinsten.**

____

3 **Ein Kunde bezahlt mit einem 50-€-Schein. Wie viel Wechselgeld bekommt er?**

a) 34 €: ______ b) 28,40 €: ______ c) 3708 ct: ______ d) 35,51 €: ______

e) 11 € 11 ct: ______

4 **Ines möchte sich ein neues Fahrrad für 379 € kaufen. Sie kann jede Woche 18,80 € sparen. Wie viele Wochen muss sie sparen?**

____

Zeit

5 **Wandle in die angegebene Einheit um.**

a) 3 min = _____ s b) 360 s = _____ min c) 1 d = _____ min d) 450 s = ______ min

e) 3482 s = _____ min _____ s f) 4 h 23 min = _____ min

g) 1 d 21 h = _____ h

h) 4 Wochen 4 h = _____ h

i) 118 min 120 s = _____ min

j) 51 h = _____ d _____ h

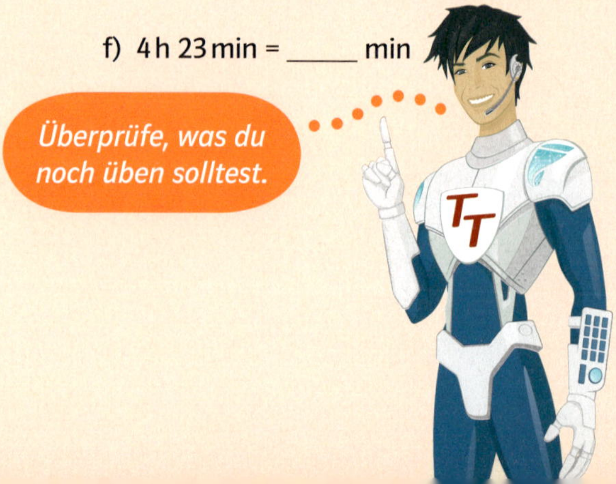

6 **Fülle die leeren Felder der Tabelle aus.**

Anfang	22:10 Uhr	13:45 Uhr	07:28 Uhr	10:46 Uhr	21:54 Uhr
Ende	23:40 Uhr	15:15 Uhr	08:16 Uhr		
Zeitdauer				6 h 49 min	7 h 51 min

7 **Frau John möchte mit dem Zug nach Frankfurt fahren. Sie fährt um 8.48 Uhr los. Normalerweise beträgt die Fahrtdauer 2 h 46 min. Zudem kommt der Zug mit 38 min Verspätung in Frankfurt an.**

____

Gewichte

8 **Wandle in die angegebene Einheit um.**

a) 7500 kg = ____ t b) 2938 g = ____ mg c) 34 kg = ____ t

d) 6 kg = ____ mg e) 82 mg = ____ g f) 29 kg 8 g = ____ kg

g) 28349 g = ____ t h) 9 t 9 kg = ____ kg i) 9,039 g = ____ mg

9 **Nico wiegt 112 kg. Sein Sohn wiegt 78 kg 600 g weniger. Die Mutter ist doppelt so schwer wie ihr Sohn. Wie viel wiegt die Mutter?**

____

10 **Ein Glas Gurken hat ein Nettogewicht von 330 g und ein Bruttogewicht von 556 g. Wie hoch ist das Taragewicht?**

Längen

11 **Berechne und gib ohne Komma an.**

a) 5 km + 300 m + 1,3 km b) 3,31 m + 56 mm + 3 dm c) 40 m + 9,5 km + 50 dm

d) 84 cm + 4,6 m + 58 m e) 90 mm + 5,6 dm + 9 m f) 380 m + 390 dm + 0,09 km

12 **Jan und Erik haben die Länge ihrer Schulwege mit Schritten bestimmt.**

a) Jan hat 285 Schritte gezählt.
Wie lang ist sein Schulweg? ______ m

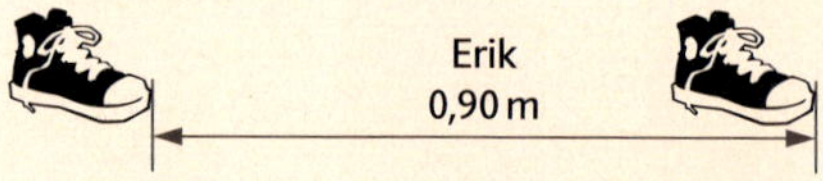

b) Erik hat 274 Schritte gezählt.
Wie lang ist sein Schulweg? ______ m

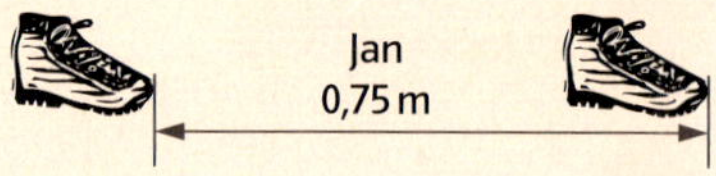

c) Wer hat den längeren Schulweg, und wie groß ist die Differenz?

____

13 **Wie lang und wie breit sind diese Rechtecke? Schreibe die Längen in den angegebenen Einheiten auf.**

a)

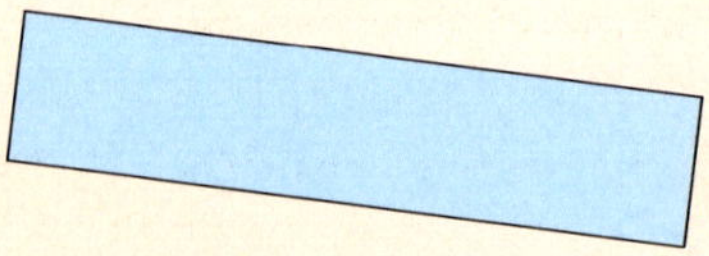

______ cm

______ cm ______ mm

b)

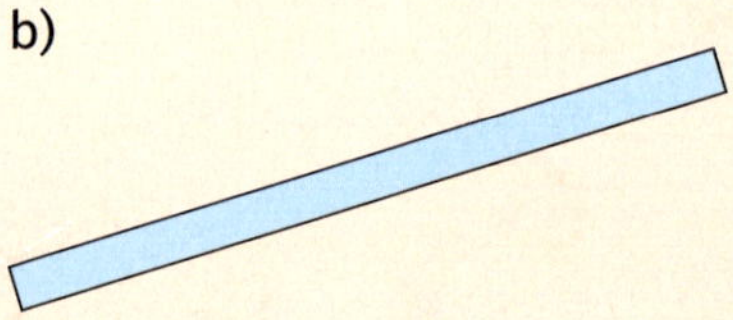

______ mm

______ dm

14 **Zeichne einen Punkt E so, dass die Gesamtlänge des Weges 17,5 cm beträgt.**

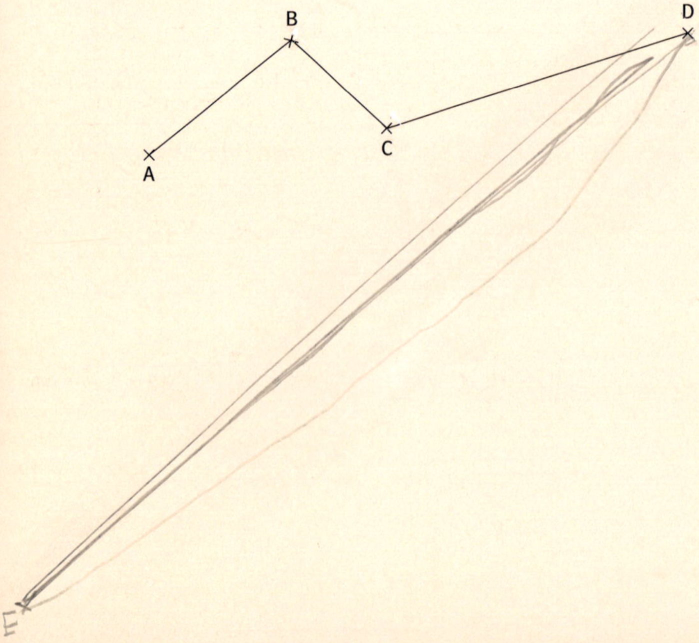

Flächeninhalt und Umfang

15 **Sortiere die Figuren nach ihrer Fläche. Beginne mit dem kleinsten Flächeninhalt.**

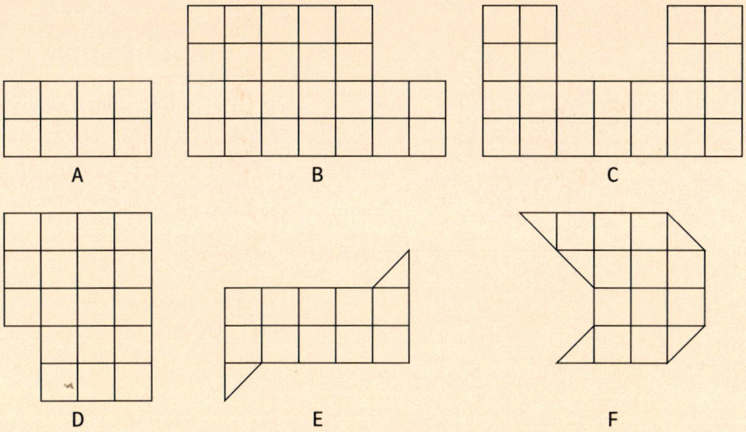

16 **Zeichne zwei unterschiedliche Figuren mit dem Flächeninhalt von jeweils 10 cm^2.**

17 **Bestimme den Umfang dieser Figuren.**

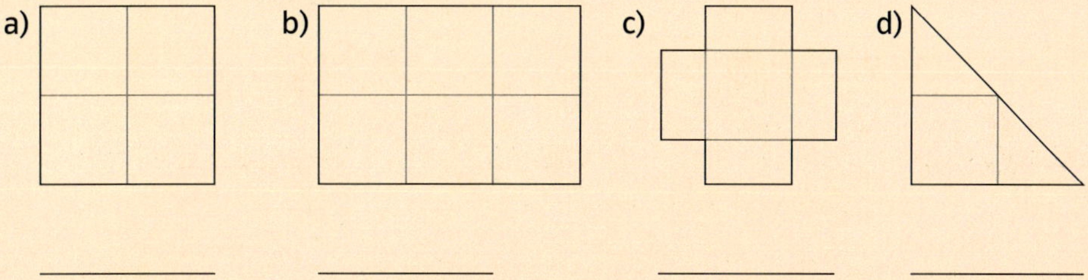

18 **Yannik läuft 5-mal um das rechteckige Grundstück herum.**
Wie viele Meter ist er insgesamt gelaufen?

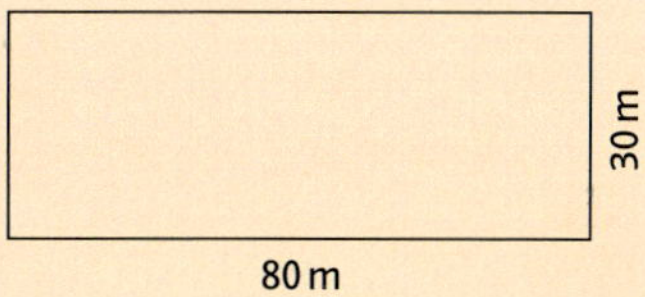

19 **Berechne den Flächeninhalt und Umfang der Rechtecke.**

a) Länge = 6 cm; Breite = 4 cm

b) Länge = 7 dm; Breite = 8 cm

20 **Ermittle die gesamte Größe der 4 Räume.**

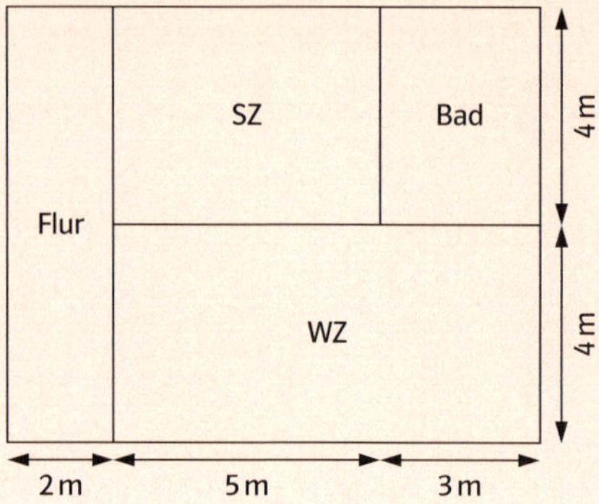

21 **Wie groß ist die Insel Föhr? Versuche, den Flächeninhalt sinnvoll zu schätzen.**

Maßstab 1 : 200 000

22 **Rechne in die jeweils angegebene Größe um.**

a) $5\,dm^2$ = ______ cm^2 b) $10\,a$ = ______ m^2 c) $5\,km^2$ = ______ ha

d) $4000\,a$ = ______ ha e) $400\,000\,mm^2$ = ______ dm^2 f) $50\,dm^2$ = ______ m^2

g) $3{,}56\,m^2$ = ______ dm^2 h) $187\,mm^2$ = ______ cm^2 i) $13{,}4\,m^2$ = ______ a

j) $0{,}74\,cm^2$ = ______ mm^2 k) $14{,}08\,a$ = ______ m^2 l) $136{,}5\,ha$ = ______ km^2

Volumen

23 **Berechne den Rauminhalt der Körper. Wie viele Zentimeterwürfel stecken in jedem Körper?**

a)

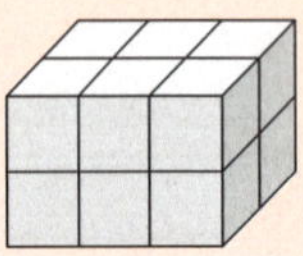

______

b)

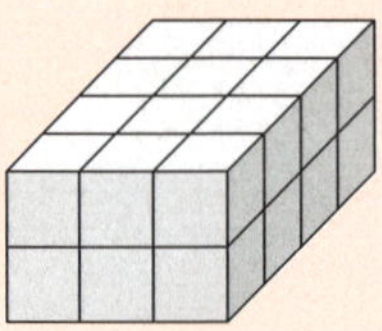

______

c)

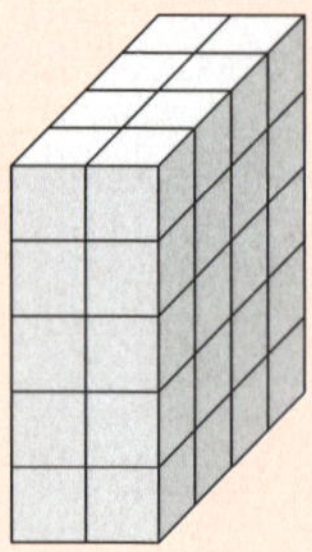

______

24 **Berechne jeweils das Volumen des Quaders.**

a) $a = 5\,cm$; $b = 7\,cm$; $c = 8\,cm$

b) $a = 22\,dm$; $b = 17\,dm$; $c = 20\,dm$

25 **Berechne die gesuchte Seitenlänge im Quader.**

a) $a = 10\,cm$; $b = 6\,cm$; $V = 480\,cm^3$; gesucht: c

b) $a = 68\,dm$; $c = 55\,dm$; $V = 175\,780\,dm^3$; gesucht: b

26 **Rechne in die jeweils angegebene Größe um.**

a) $6\,dm^3$ = ______ cm^3

b) $255\,dm^3$ = ______ l

c) $7000\,mm^3$ = ______ cm^3

d) 500 000 l = ______ m^3

e) $500\,cm^3$ = ______ dm^3

f) $400\,m^3$ = ______ cm^3

g) 4000 ml = ______ l

h) 53 l = ______ hl

i) 2,7 l = ______ cm^3

j) $127\,cm^3$ = ______ dm^3

k) $2547\,dm^3$ = ______ m^3

l) $0{,}26\,dm^3$ = ______ cm^3

27 **Ein Mensch trinkt im Schnitt 1,5 l Flüssigkeit pro Tag.**

a) Wie viel Liter Wasser trinkt er in einem Jahr?

____

b) Wie viel Liter Flüssigkeit hat ein 60-jähriger Mensch im Lauf seines Lebens getrunken?

____

Die Testauswertung findest du in den Lösungen auf S. 136.

Geld

Merke dir

Vor ca. 2200 Jahren wurde die erste Kupfermünze als Zahlungsmittel verwendet. Seither gab es viele verschiedene Münzen und später auch Geldscheine – oft für jedes Land eine eigene Währung. In Deutschland gab es beispielsweise die D-Mark.
Ab dem 1. Januar 2002 wurde in 12 Ländern Europas eine neue, gemeinsame Währung eingeführt: der Euro (€).
Es existieren folgende Münzen und Scheine:

Beispiele:
1. 350 ct = 3 € 50 ct = 3,50 €
2. 78 ct = 0 € 78 ct = 0,78 €

Dabei gilt:
100 ct = 1 €
Das Komma trennt € und ct: 1,00 €

1 **Wie viel Geld hast du?**

	€	Betrag	Endbetrag
a)		*200 € + 100 € + 50 € + 50 €*	*400 €*
b)			
c)			
d)			
e)			

2 **Ordne die Beträge aus Aufgabe 1 nach ihrem Wert. Beginne mit dem größten Wert.**

3 **Gib an, wie du mit möglichst wenigen Münzen und Scheinen bezahlen kannst.**
Beispiel: *117 €: 100 €, 10 €, 5 €, 2 €*

a) 247 € b) 71,40 € c) 492,67 € d) 504,83 €

4 **Frau Grünkohl möchte bei der Bank 8345 € abheben. Sie möchte so wenig Scheine wie möglich erhalten.**

Wie viele Scheine von jeder Sorte erhält sie?

___ × 500 ___ × ___ ___ × ___ ___ × ___ ___ × ___

5 **Schreibe die Geldbeträge wie im Beispiel auf.**

	€				ct		
	T	H	Z	E	Z	E	
			3	7	8	6	*37 € 86 ct = 3786 ct = 37,86 €*
a)	6	7	2	4	6	4	
b)		4	8	3	0	7	
c)	7	0	0	0	8	6	
d)			7	3	0	9	

6 **Wandle in deinem Heft in Euro oder Cent um. Verwende, wenn notwendig, ein Komma.**

a) 83 € = ____ ct b) 101 € = ____ ct c) 7100 ct = ____ €

d) 23,23 € = ____ ct e) 29 € 14 ct = ____ € f) 92 € 8ct = ____ €

g) 839 ct = ____ € h) 703 ct = ____ € ____ ct i) 923,23 € = ____ ct

7 **Berechne.**

a) 25,60 € : 4 b) 0,95 € · 7 c) 23,92 € + 308 ct d) 1023 € − 192,83 €

8 **Julian kauft für seine Geburtstagsfeier ein:**
4 Kisten Saft für je 6,79 €, Knabberzeug für insgesamt 35,49 € und verschiedene weitere Getränke für 13,38 € und 12,99 €. Er bezahlt mit fünf 20-€-Scheinen.

9 **Herr Rettich betreibt ein Kiosk. Am Abend hat er folgende Scheine und Münzen in der Kasse: 51-mal 5 €, 27-mal 2 €, 49-mal 1 €, 55-mal 50 ct, 15-mal 20 ct, 29-mal 10 ct und 72-mal 5 ct. Er hatte 80 € Wechselgeld in der Kasse.**

Zeit

Merke dir

Wenn wir einen Zeitpunkt angeben möchten, so lesen wir die Uhrzeit auf einer Uhr ab.

Dabei kann  heißen: 13:30 Uhr 45 s oder 01:30 Uhr 45 s.

Es gilt:
1 Jahr = 365 Tage (Ausnahme: Ein Schaltjahr hat 366 Tage)
1 Tag (1 d) = 24 Stunden (24 h)
1 Stunde (1 h) = 60 Minuten (60 min)
1 Minute (1 min) = 60 Sekunden (s)

Beispiele:
5 min = 300 s   390 s = 6,5 min   4 d = 96 h

1 **Schreibe jeweils die Uhrzeit auf. Denke daran: Es gibt immer 2 verschiedene Möglichkeiten.**

a) 
b) 
c) 
d) 

2 **Was zeigt die Analoguhr an? Zeichne dazu die Zeiger ein.**

a) 17:40:09
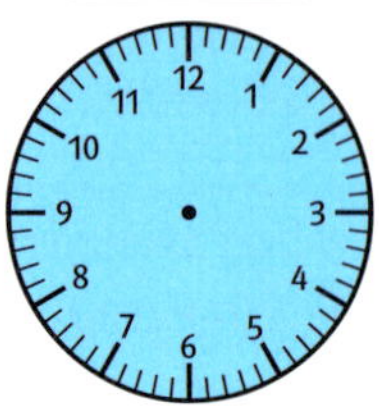

b) 14:42:53
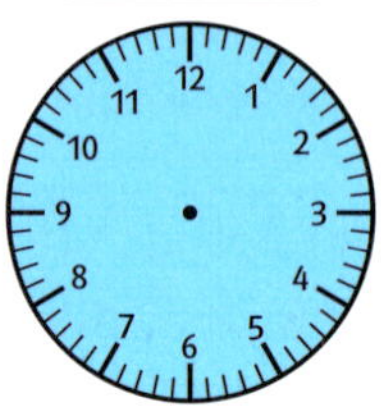

c) 08:15:02
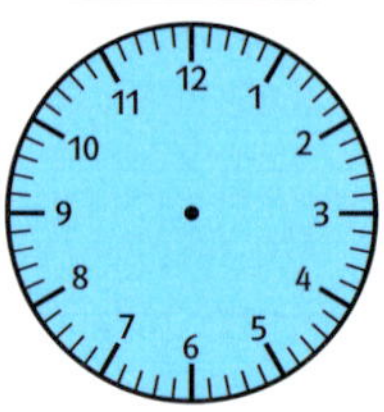

d) 23:00:45
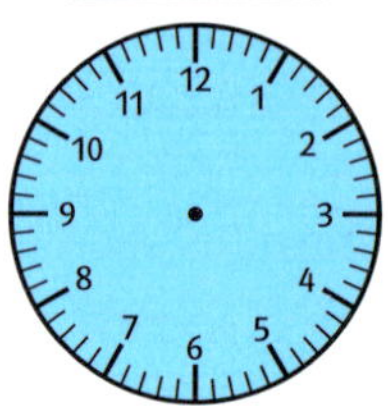

e) 04:21:05
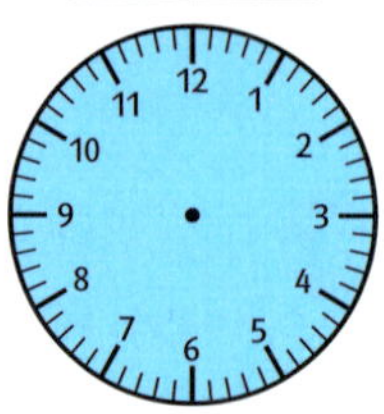

3 **Wandle in die angegebene Einheit um.**

a) 2 min = ____ s

b) 345 s = ____ min ____ s

c) 660 s = ____ min

d) $\frac{1}{2}$ d = ____ min

e) 4 d 2 h = ____ h

f) 5 Wochen = ____ h

g) 510 s = ____ min

h) $1\frac{3}{4}$ h = ____ min

i) $\frac{1}{4}$ Jahr = ____ d

j) 93 min 360 s = ____ min

Merke dir

Zeitspannen
Zwischen zwei Zeitpunkten liegt eine Zeitspanne, die auch Zeitdauer genannt wird.

Beispiel: von 05:45 Uhr bis 08:10 Uhr: 5 h 45 min + 2 h 25 min = 8 h 10 min,
d.h.: Die Zeitspanne beträgt 2 h 25 min.
oder: von 05:45 bis 06:00 sind es 15 min. Von 06:00 Uhr bis 08:00 Uhr sind es 2 h.
Von 08:00 Uhr bis 08:10 Uhr sind es 10 min, also zusammen: 2 h 25 min.

4 **Trage jeweils die Zeitdauer ein.**

Anfang	20:30 Uhr	05:45 Uhr	18:10 Uhr	04:34 Uhr	22:48 Uhr
Ende	23:30 Uhr	09:00 Uhr	20:56 Uhr	11:17 Uhr	06:14 Uhr
Zeitdauer					

5 **Addiere die folgenden Zeitspannen.**

a) 34 min 27 s + 27 min 18 s

b) 54 min 17 s + 7 min 45 s

c) 2 d 18 h + 4 d 20 h

6 **Beantworte die folgenden Fragen.**

a) Herr Jatz fährt um 16.34 Uhr von Kirchhain nach Lollar. Wie lange ist er unterwegs und wann kommt er an?

		Samstag																		
Linie		30	40	30	30	40	40	30	40	30	40	30	40	40	30	30	40	40	30	30
Gattung		SE	RB	RB	IC	RE	SE	SE	RB	RB	RE	RE	SE	RB	RB	IC	RE	SE	SE	RB
Hinweise		92					90	92										90	92	
Kassel Hauptbahnhof #	ab											14.23								
- Wilhelmshöhe #					13.30							14.29				15.30				
Wabern ▲					13.52							14.48				15.52				
Treysa ▲		13.15			14.10			14.15				15.05				16.10			16.15	
Wiera ▲		13.19						14.19				|							16.19	
Neustadt (Kr Marburg)		13.23						14.23				15.11							16.23	
Stadtallendorf		13.29						14.29				15.19							16.29	
Kirchhain		13.34						14.34				15.24							16.34	
Anzefahr		13.38						14.38				|						16.38	
Bürgeln		13.41						14.41				|						16.41	
Cölbe		13.44						14.44				|						16.44	
Marburg (L)	an	13.48			14.33			14.48				15.33				16.33			16.48	
Marburg (L)	ab	13.49			14.35			14.49				15.35				16.35			16.49	
- Marburg Süd		13.52						14.52				|						16.52	
Niederweimar		13.56						14.56				|						16.56	
Niederwalgern		13.59						14.59				|						16.59	
Fronhausen		14.02						15.02				|						17.02	
Odenhausen Friedelhausen		14.05						15.05				|						17.05	
Lollar		14.08						15.08				|						17.08	
Gießen Oswaldsgarten		14.15						15.15				|						17.15	

b) Um wie viel Uhr gibt es die schnellste Verbindung zwischen Treysa und Marburg?

Gewichte

Merke dir

Das Gewicht von einem Stück, welches genau ein Kilogramm wiegt, wurde im Jahr 1888/1889 neu festgelegt: Dieses „Ur-Kilogramm"-Stück wird in einem Tresor in der Nähe von Paris aufbewahrt.

Es gilt:

1 Tonne (t) = 1000 Kilogramm (kg)
1 Kilogramm (kg) = 1000 Gramm (g)
1 Gramm (g) = 1000 Milligramm (mg)

Die Umwandlungszahl ist immer 1000.
Das Komma trennt dabei t und kg, kg und g sowie g und mg.

Beispiele:
4,5 t = 4500 kg   94 mg = 0,094 g   4302 g = 4 kg 302 g = 4,302 kg

1 **Schreibe die Gewichtsangaben wie im Beispiel auf.**

	kg			g			
	H	Z	E	H	Z	E	
		5	1	8	3	7	51 837 g = 51 kg 837 g = 51,837 kg
a)	9	4	5	1	3	8	
b)			9	0	0	6	
c)	6	0	0	0	0	1	
d)		8	4	2	6	0	

2 **Wandle in deinem Heft um.**

a) 3 t = ____ kg   7384 g = ____ kg   75 000 mg = ____ kg   1 t 50 kg = ____ kg

b) 45 g = ____ mg   3 kg = ____ mg   4,05 g = ____ mg   3 kg 3 g = ____ mg

c) 26 000 kg = ____ t   2728 kg = ____ t   837 200 g = ____ t   292 kg 93 g = ____ t

3 **Ordne die Gewichte nach der Größe. Beginne mit dem größten Gewicht.**
Tipp: Wandle alle Werte in dieselbe Einheit um, wenn dir der Vergleich schwerfällt.
6000 mg; 1,08 t; 45 000 kg; 6002 g; 6 kg 20 g; 0,005 t; 983,803 g

4 **Berechne und gib jeweils in der größeren Einheit an.**

a) 44 g + 7280 mg
b) 3,094 kg + 394 g
c) 13,6 t − 3940 kg
d) 5,2 kg − 38 492 mg
e) 5563 g − 3,204 kg
f) 5 kg 5 g + 2,039 kg

5 **Ein Kleinbus hat ein Leergewicht von 1353 kg. Das zulässige Gesamtgewicht beträgt 3,1 t.**

6 **In einer Nudelfabrik werden jährlich 17 000 t Nudeln produziert. Wie viele kg sind dies pro Tag bei 250 Arbeitstagen im Jahr? Wie viele Packungen Nudeln werden an einem Tag verpackt, wenn jede Packung 250 g Nudeln enthält?**

Merke dir

Gewicht von Gegenständen und Verpackungen
Bei der Gewichtsangabe werden drei Dinge voneinander unterschieden:
Tara: Gewicht der Verpackung
netto: Gewicht des Inhalts
brutto: Gewicht von Verpackung und Inhalt

Es gilt also: **Tara + netto = brutto**

7 **Berechne die fehlenden Gewichtsangaben. Übertrage dazu diese Tabelle in dein Heft.**

Tara	126 g	209 g	1,230 kg		607 g
netto	540 g			250 mg	
brutto		1050 g	24,500 kg	290g	1,250 kg

8 **Auf eine Palette sollen 24 Kisten mit einem Taragewicht von je 250 g und einem Nettogewicht von je 5,2 kg gestapelt werden. Die Palette selbst wiegt 16,5 kg.**

a) Wie viel wiegt die beladene Palette?

b) Wie viele beladenen Paletten darf ein Kleinlaster mit einem maximalen Zuladungsgewicht von 550 kg laden?

Längen

Merke dir

Als internationale Maßeinheit im mitteleuropäischen Raum wird der Meter verwendet. Im Jahr 1889 wurde der „Ur"-Meter hergestellt. Dieser war als der 40 000. Teil des Erdmeridians definiert. Heute gilt als Maß für einen Meter die Strecke, die das Licht im Vakuum in der Zeit von $\frac{1}{299\,792\,458}$ Sekunden durchläuft.

Es gilt:

Kilometer (km)	1 km = 1000 m	
Meter (m)	1 m = 10 dm	
Dezimeter (dm)	1 dm = 10 cm = 100 mm	
Zentimeter (cm)	1 cm = 10 mm	
Millimeter (mm)		

Beispiele: 4 km = 4000 m = 40 000 dm = 400 000 cm = 4 000 000 mm
82 cm = 820 mm = 8,2 dm = 0,82 m = 0,00082 km

1 **Ordne die folgenden Gegenstände nach ihrer Länge. Beginne mit der kleinsten.**
Auto – Heft – Mensch – Füller – Haus – Hund

2 **Gib hier die entsprechenden Operatoren zu den Pfeilen an.**

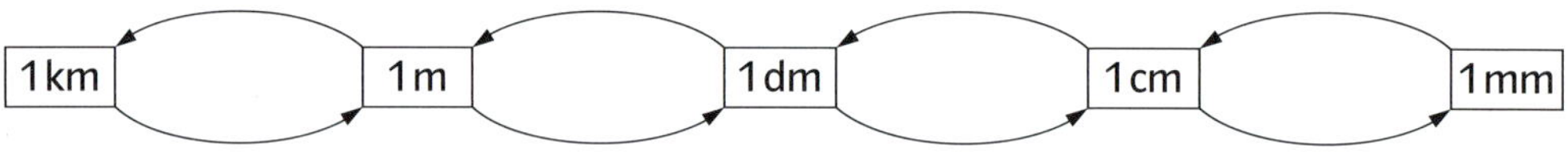

3 **Schreibe die Umwandlungen wie im Beispiel.**

	km			m			dm	cm	mm	mögliche Umwandlungen
	H	Z	E	H	Z	E				
			1	0	0	8	2	3	7	1008,237 m = 1 008 237 mm = 10 082 dm 37 mm
a)	1	0	0	1	5	9	8	0	7	
b)					7	5	1	8	4	
c)		5	9	7	0	0	0	0	0	
d)	1	0	0	0	0	1	0	0	1	

4 **Schreibe ohne Komma.**

a) 134,42 km b) 2384,34 m c) 8,008 m d) 17,839 km

e) 3,4 cm f) 4,5 m g) 283,23 dm h) 82,9 cm

i) 93,293 km j) 23,23 m k) 99,8 m l) 348,3 cm

5 **Wandle in die angegebene Einheit um.**

a) in cm:	23 m	17 dm	0,8 km	234 mm	19,7 m
b) in m:	400 cm	839 dm	17,09 km	12 830 mm	82,1 cm
c) in km:	5500 m	80 m	189 dm	8 cm	912,12 m

6 **Suche die Fehler und korrigiere.**

a) 19,7 km = 1970 m b) 24 000 mm = 24 m c) 0,78 m = 78 dm

d) 0,02 km = 200 dm e) 800 mm = 0,08 m f) 189,009 km = 189 009 dm

7 **Marco hat am Wochenende eine Fahrradtour unternommen. Er fährt an drei Tagen 40,55 km, 38,91 km und 29,45 km.**

8 **Lucia hat die Länge der Schulwege ihrer Freundinnen aufgeschrieben: Anastasia 5,7 km; Sarah 5 km 800 m; Emilia 4950 m; Lea 4,9 km und Ela 5000 m.**

a) Wer von ihren Freundinnen hat den weitesten Weg?

b) Wie weit ist der Weg (in km) aller Freundinnen zusammen?

c) Wie groß ist der Unterschied zwischen dem weitesten und dem kürzesten Weg (in m)?

9 **In einer Straße soll auf beiden Seiten eine neue Bordsteinkante verlegt werden. Die einzelnen Steine sind 80 cm lang. Insgesamt werden 240 Steine benötigt. Wie lang ist die Straße?**

10 **Nimm das Doppelte von 650 m. Addiere 1,09 km und subtrahiere 300 dm.**

Merke dir

Messen und Zeichnen von Längen

Es gibt verschiedene Geräte, mit denen du messen oder zeichnen kannst wie z. B. ein Lineal oder das Geodreieck.

Bei beiden musst du darauf achten, dass du sie richtig anlegst. Achte auf die Null.

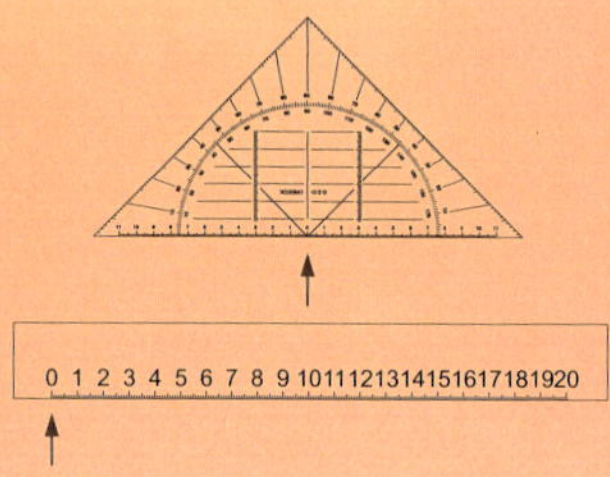

11 **Schreibe vier Geräte auf, mit denen du messen oder zeichnen kannst.**

12 **Miss die Länge dieser Nägel. Gib in der entsprechenden Einheit an. Tipp: Miss die Länge ohne den Kopf des Nagels.**

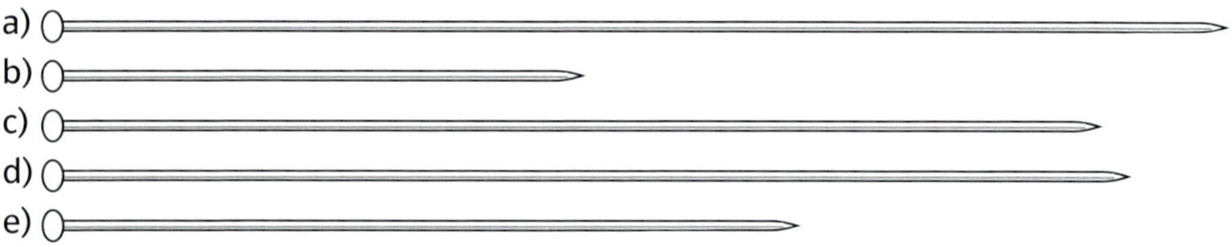

a) ______ cm   b) ______ cm ______ mm

c) ______ cm   d) ______ dm ______ cm   e) ______ mm

13 **Zeichne Strecken in den angegebenen Längen in dein Heft.**

a) 8 cm   b) 13,7 cm   c) 83 mm   d) 1 dm 4 cm   e) 0,008 m   f) 1,03 dm

14 **Finde den kürzesten Weg. Zeichne ihn farbig ein.**

a) vom Freibad zum Sportplatz

b) von der Schule zum Friedhof

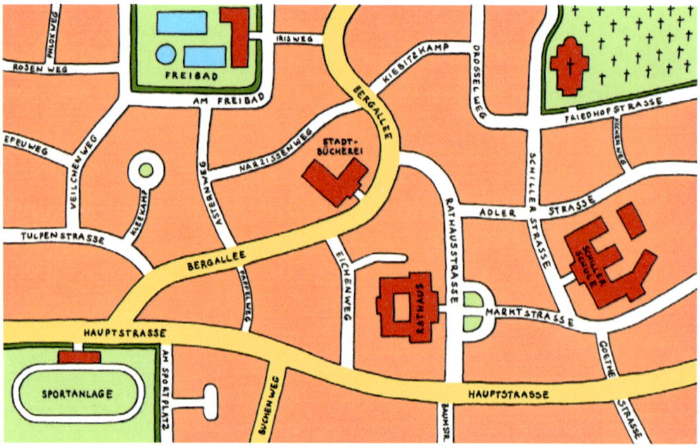

Flächeninhalt und Umfang

Merke dir

Flächeninhalte von Figuren
Die beiden Figuren bestehen aus einer bestimmten Anzahl von gleich großen Quadratplättchen.

Figur A besitzt 12 Quadrate, Figur B besteht aus 15 Quadraten.
Figur B hat daher einen größeren Flächeninhalt als Figur A.

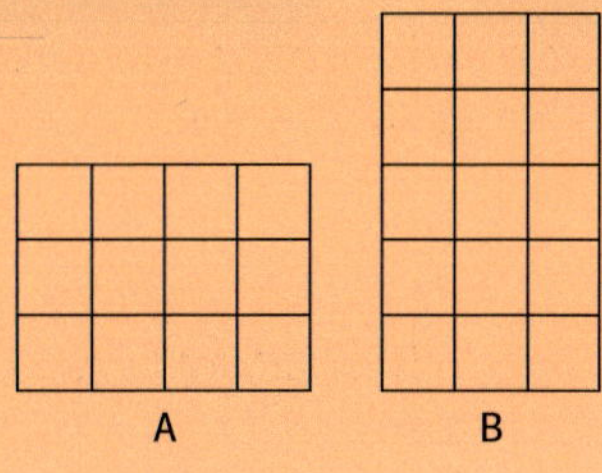

1 **Sortiere diese Figuren nach ihrer Fläche. Beginne mit dem kleinsten Flächeninhalt.**

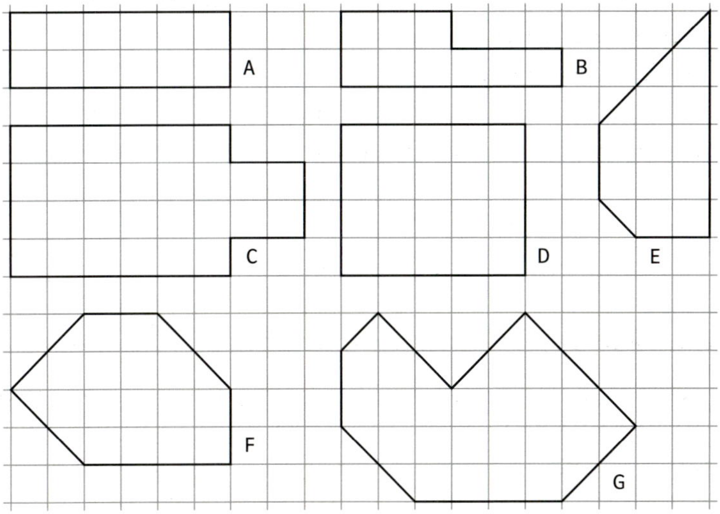

Merke dir

Die Maßeinheit 1 cm²

1 Quadrat mit den Seitenlängen 1 cm besitzt einen Flächeninhalt von 1 cm².
Ein solches Quadrat wird **Einheitsquadrat** genannt.

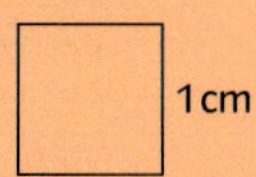

Figur A besteht aus 12 Einheitsquadraten.
Sie besitzt daher einen Flächeninhalt von 12 cm².

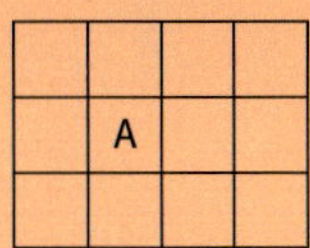

2 **Bestimme den Flächeninhalt der abgebildeten Figuren. Jedes kleine Kästchen soll in Wirklichkeit genau 1 cm² groß sein.**

A: ____________

B: ____________

C: ____________

D: ____________

E: ____________

F: ____________

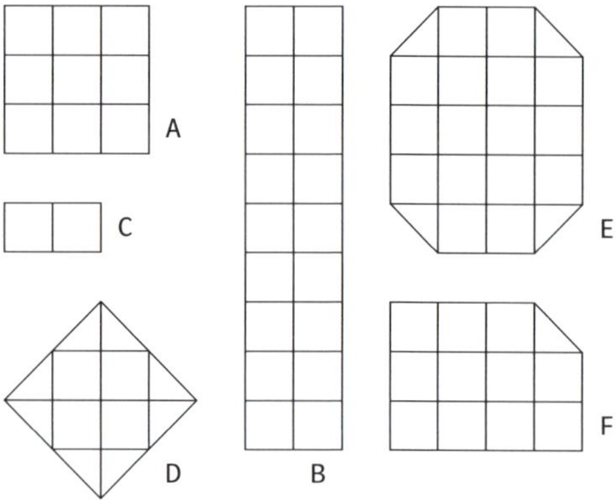

3 **Zeichne jeweils eine Figur mit dem Flächeninhalt:**

a) $10\,cm^2$ b) $8\,cm^2$ c) $14\,cm^2$ d) $20\,cm^2$

Merke dir

Umfang
Die Summe aller Seitenlängen eines Vielecks nennt man Umfang.
Den Umfang kann man auch wie folgt erklären:
Denke dir dieses Vieleck als ein Grundstück. Dieses Grundstück soll umzäunt werden. Wie viel Meter Zaun werden benötigt?

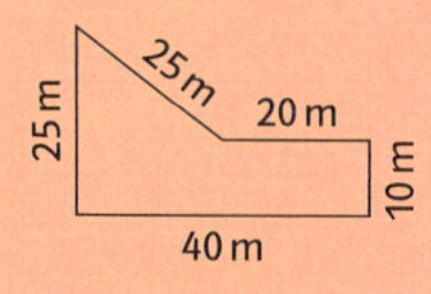

Lösung: 40 m + 10 m + 20 m + 25 m + 25 m = 120 m
Antwort: Es werden 120 m Zaun benötigt. 120 m ist auch der **Umfang** des Grundstücks.

4 **Berechne jeweils den Umfang der einzelnen Figuren.**

a)

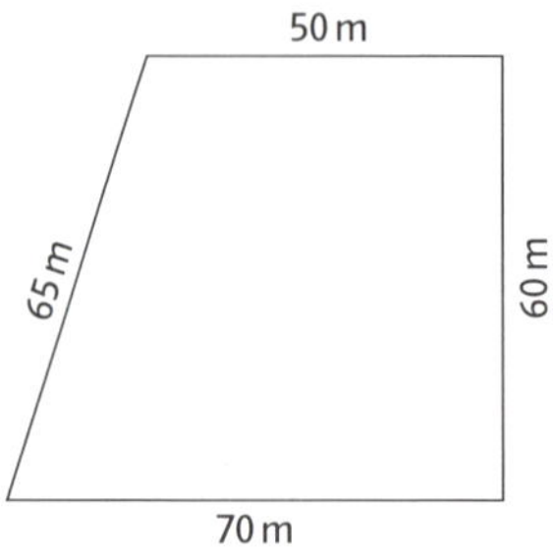

b)

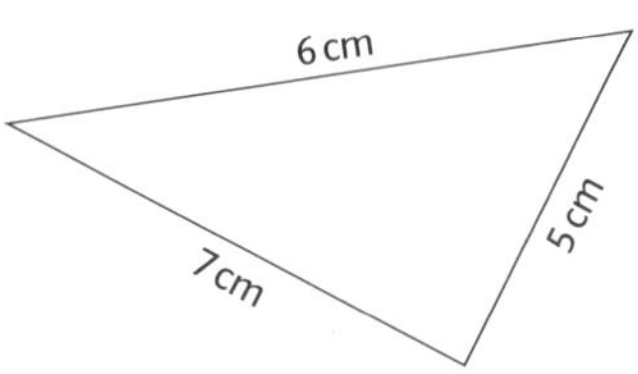

c)

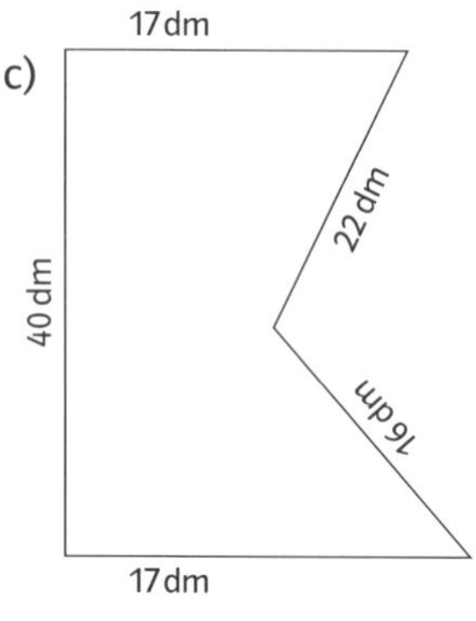

5 **Zeichne die Figuren in dein Heft. (Tipp: Die Kästchen helfen dir dabei.) Miss die einzelnen Seiten und berechne den Umfang.**

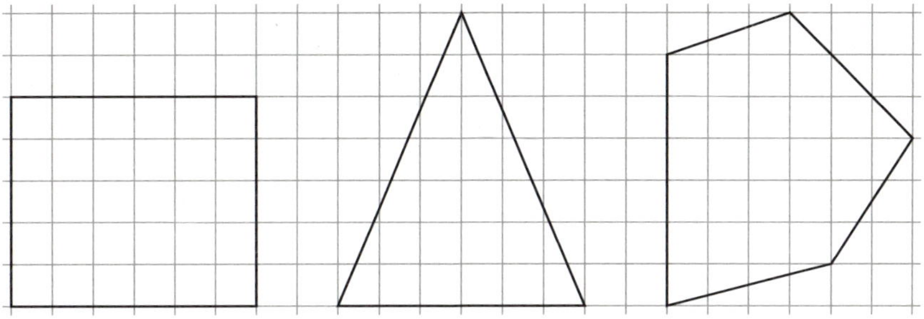

6 **Zeichne Vielecke, die jeweils diesen Umfang haben:**

a) 10 cm b) 20 cm c) 15,4 cm

Merke dir

Flächeneinheiten umrechnen

Hier siehst du die **wichtigsten Flächeneinheiten** und deren **Umrechnungszahlen.**

$1\,mm^2 \xrightarrow{\cdot 100} 1\,cm^2 \xrightarrow{\cdot 100} 1\,dm^2 \xrightarrow{\cdot 100} 1\,m^2 \xrightarrow{\cdot 100} 1\,a \xrightarrow{\cdot 100} 1\,ha \xrightarrow{\cdot 100} 1\,km^2$

Beispiele:

$500\,mm^2 = 5\,cm^2$ $400\,dm^2 = 4\,cm^2$ $600\,m^2 = 60\,000\,dm^2$ $450\,a = 45\,000\,m^2$

Um von einer Einheit zur **nächstkleineren** Einheit zu kommen, musst du immer **mit 100 multiplizieren.**

Um von einer Einheit zur **nächstgrößeren** Einheit zu kommen, musst du immer **durch 100 dividieren.**

7 **Rechne in die angegebene Einheit um.**

a) $6\,m^2$ = _______ dm^2 b) $800\,mm^2$ = _______ cm^2 c) 70 000 a = _______ ha

d) $50\,m^2$ = _______ a e) 150 ha = _______ a f) $78\,000\,cm^2$ = _______ m^2

g) $5\,dm^2$ = _______ mm^2 h) 17 ha = _______ m^2 i) $45\,000\,000\,m^2$ = _______ ha

8 **Wie viele Quadrate**

a) mit $1\,dm^2$ Flächeninhalt benötigt man, um ein Quadrat von $1\,m^2$ Größe auszulegen?

b) mit $1\,cm^2$ Flächeninhalt benötigt man, um ein Quadrat von $1\,m^2$ Größe auszulegen?

9 **Wie viel fehlt noch**

a) bis zu $1\,cm^2$: $70\,mm^2$; $25\,mm^2$; $1\,mm^2$?

b) bis zu $1\,m^2$: $43\,dm^2$; $99\,dm^2$; $25\,cm^2$?

Merke dir

Die Kommaschreibweise bei Flächenmaßen
Bei der Umrechnung von Flächenmaßen ist eine Stellentafel hilfreich – besonders, wenn auch Kommazahlen auftreten.

km^2		ha		a		m^2		dm^2		cm^2		mm^2		
Z	E	Z	E	Z	E	Z	E	Z	E	Z	E	Z	E	
						1	2	4	2					$1242\,dm^2 = 12{,}42\,m^2$
			7	5	3	6								7,536 ha = 753,6 a
							9	5	1	0	4			$9{,}5104\,m^2 = 95\,104\,cm^2$

10 **Fülle die Lücken in der Stellentafel aus, und rechne um. Tipp: Du kannst leere Stellen nach rechts mit Nullen füllen.**

km^2		ha		a		m^2		dm^2		cm^2		mm^2		
Z	E	Z	E	Z	E	Z	E	Z	E	Z	E	Z	E	
														47,54 ha = a
														$4789\,m^2$ = a
														$5{,}028\,km^2$ ha
														$146\,mm^2$ = cm^2
														74 a = ha
														$0{,}045\,m^2$ = cm^2

11 **Wandle in die angegebene Einheit um.**

a) $3478\,dm^2$ = ____ m^2
b) 5,428 ha = ____ a
c) $6{,}4781\,m^2$ = ____ cm^2
d) 27,6 a = ____ m^2
e) $108{,}05\,mm^2$ = ____ cm^2
f) $14\,dm^2$ = ____ cm^2
g) $0{,}6\,m^2$ = ____ dm^2
h) $1{,}74\,dm^2$ = ____ mm^2
i) $1507\,mm^2$ = ____ dm^2

Merke dir

Flächeninhalt Rechteck
Den Flächeninhalt A (A = area, engl. = Fläche) eines Rechtecks kannst du mit einer Formel berechnen.

$A = 5\,cm \cdot 3\,cm = 15\,cm^2$

$A_{Rechteck} = \text{Länge} \cdot \text{Breite}$

$A_{Rechteck} = a \cdot b$

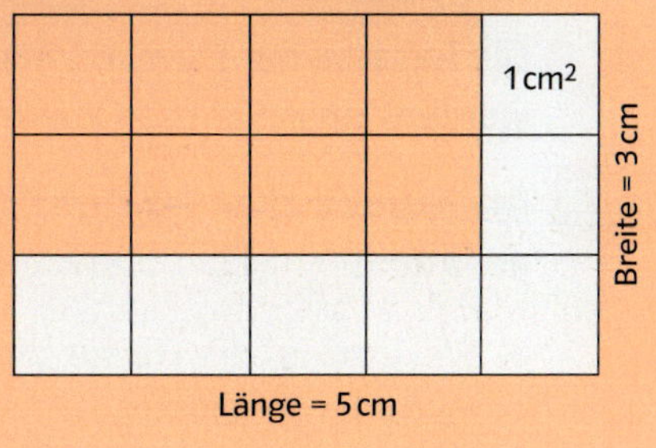

12 **Berechne jeweils den Flächeninhalt und den Umfang des Rechtecks.**

a) a = 5 cm, b = 4 cm
b) a = 20 cm, b = 16 cm
c) a = 125 m, b = 38 m
d) a = 70 dm, b = 55 dm
e) a = 4 cm, b = 1,5 dm
f) a = 200 dm, b = 18,3 cm

13 **Berechne die fehlende Länge oder Breite des Rechtecks.**

a) Länge = 7 cm, $A = 84\,cm^2$
b) Breite = 247 cm, U = 1096 cm
c) Länge = 48 dm, $A = 3{,}36\,m^2$

Merke dir

Sachaufgaben mit Flächenangaben
Hier bekommst du einige Tipps zum Lösen von Sachaufgaben mit Flächen:

1. Lies dir den Text genau durch.
2. Welche Angaben sind gegeben? Schreibe sie heraus oder markiere sie im Text.
3. Was genau ist gesucht oder gefragt? Schreibe es heraus oder markiere es im Text.
4. Überlege welche Grundrechenart (Addition, Subtraktion, Multiplikation, Division) dir eventuell weiterhilft.
5. Wenn du Größen addierst, subtrahierst, multiplizierst oder dividierst, musst du immer darauf achten, dass alle in die gleiche Einheiten umgewandelt sind.
6. Schaue zum Schluss nochmals kritisch auf dein Ergebnis. Überlege durch Überschlagen: Kann der Zahlenwert und die dazugehörige Größe stimmen?
7. Notiere einen Antwortsatz.

14 **Berechne die gesamte Größe der drei Kellerräume.**

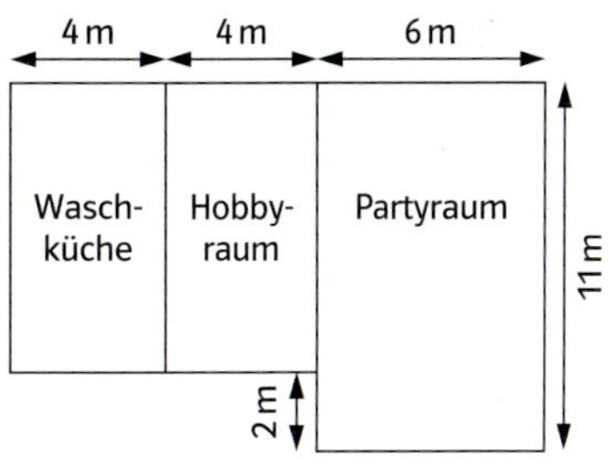

15 **Auf einem 17 ha großen Gelände befindet sich ein 60 a großes Waldstück und ein 2000 m² großes Hofgut. Der Rest ist Ackerfläche. Wie groß ist diese Fläche?**

16 **Die Terrasse der Familie Meier ist 6 m lang und 4 m breit. Die Terrasse soll gefliest werden. Ein m² Fliesen kostet 35 €. Für wie viel Euro müssen Fliesen gekauft werden?**

17 **Der Mähdrescher der Firma Agrat kann in einer Stunde ein 48 a großes Getreidefeld abernten.**

a) Wie groß ist die Fläche, die der Mähdrescher aberntet, wenn er 8 Stunden ohne Pause im Einsatz ist?

b) Ein Fußballfeld ist im Schnitt 7000 m² groß. Wie viele vergleichbare Weizenfeldflächen hat der Mähdrescher in den 8 Stunden abgeerntet?

Merke dir

Die Größe von krummlinigen Flächen schätzen
Hier siehst du die Karte von Island.
Um die Größe der Insel zu schätzen, legen wir ein Rechteck in die Landkarte.
Für die Größe des Rechtecks ermitteln wir durch Messen und Umrechnung des Maßstabes:
Länge in etwa 500 km; Breite in etwa 350 km. $A_{Rechteck} = 500\,km \cdot 350\,km = 175\,000\,km^2$.
Da unser Rechteck allerdings größer als die Inselgröße ist, schätzen wir für Island eine Größe von etwa 110 000 km².

Maßstab 1 : 15 000 000

18 **Schätze die Größe von der Insel Norderney.**

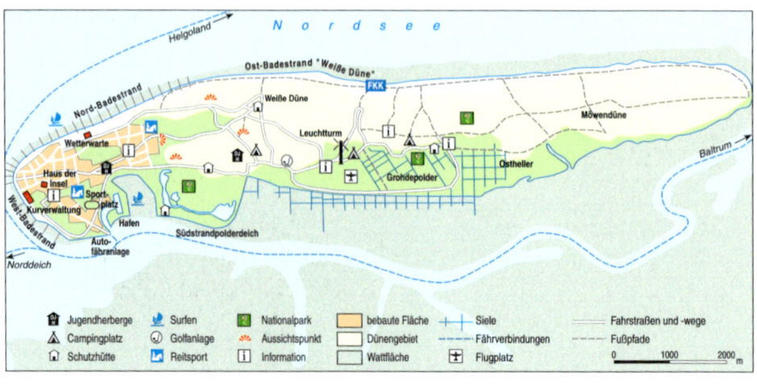

Maßstab 1 : 175 000

Volumen

Merke dir

Volumen bestimmen
Das **Volumen** bzw. der **Rauminhalt** eines **Körpers** kann man durch **Ausfüllen** mit **Einheitswürfeln** bestimmen.

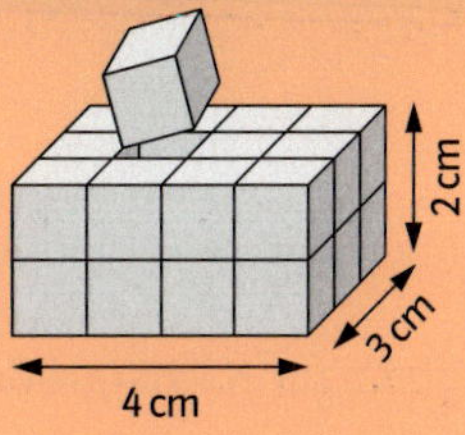

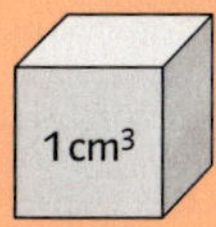

Hat ein solcher Einheitswürfel eine **Kantenlänge** von **1 cm**, beträgt sein Volumen **1 cm³** (gelesen: Kubikzentimeter). Der oben abgebildete Quader kann also aus 24 Einheitswürfel zusammengesetzt werden. Daher hat dieser **Quader** ein **Volumen** von **24 cm³**.

1 **Sortiere die Körper nach ihrer Volumengröße. Beginne mit dem kleinsten.**

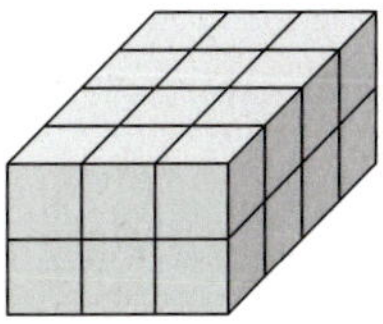

A

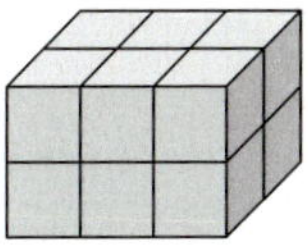

B

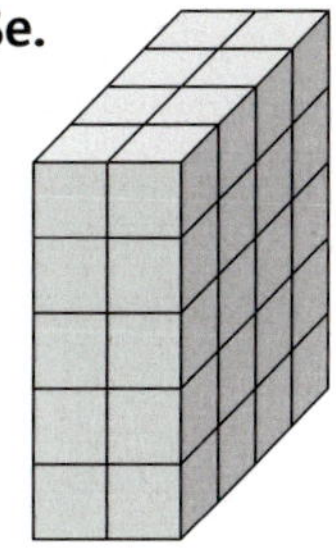

C

2 **Bestimme das Volumen dieser Körper.**

a)

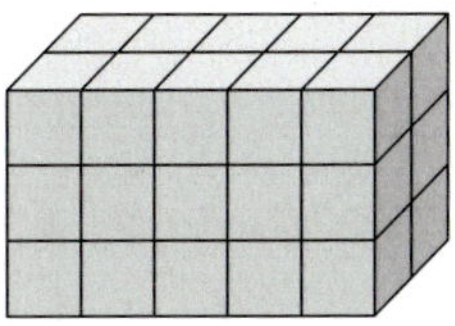

b)

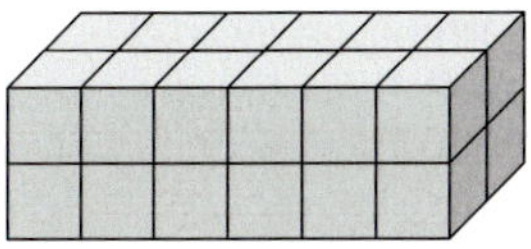

c)

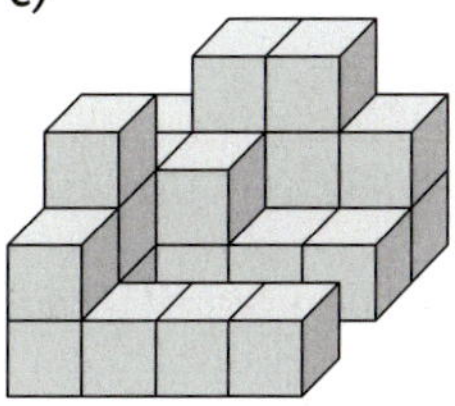

d)

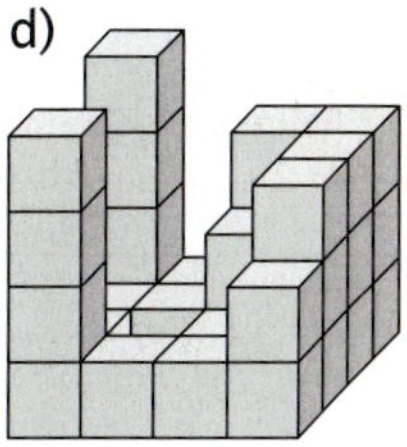

3 **Wie viele Einheitswürfel mit $V = 1\,cm^3$ passen in den großen Würfel mit $V = 1\,dm^3$?**

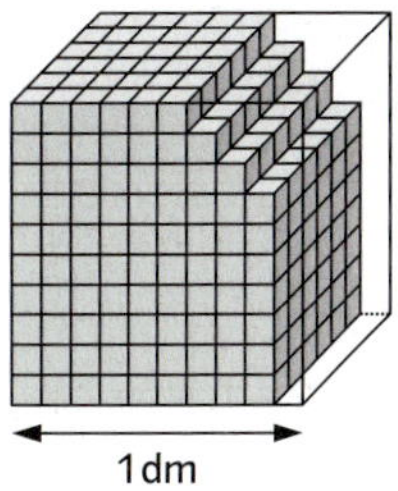

Merke dir

Volumeneinheiten umrechnen
Hier siehst du die wichtigsten Volumeneinheiten und ihre Umrechnungszahlen.

$1\,mm^3 \xrightarrow{\cdot 1000} 1\,cm^3 \xrightarrow{\cdot 1000} 1\,dm^3 \xrightarrow{\cdot 1000} 1\,m^3$

Beispiele:
$7000\,mm^3 = 7\,cm^3$ $50\,000\,dm^3 = 50\,m^3$ $2\,000\,000\,cm^3 = 2\,m^3$

Um von einer Einheit **zur nächstkleineren Einheit** zu kommen, musst du immer mit **1000 malnehmen.**
Um von einer Einheit **zur nächstgrößeren Einheit** zu kommen, musst du immer durch **1000 dividieren.**
Volumen kann man auch in **Litern** angeben.
Hier gilt: 1000 ml = 1 l $1\,l = 1\,dm^3$ 1 hl = 100 l

Beispiele: $5\,l = 5\,dm^3$ 3000 ml = 3 l 400 l = 4 hl

4 **Rechne in die angegebene Einheit um.**

a) $5\,m^3 =$ ____ dm^3 b) $8000\,mm^3 =$ ____ cm^3 c) $400\,000\,cm^3 =$ ____ m^3

d) $500\,dm^3 =$ ____ m^3 e) $20\,dm^3 =$ ____ cm^3 f) $2\,m^3 =$ ____ cm^3

g) $40\,dm^3 =$ ____ l h) $10\,m^3 =$ ____ l i) 25 l = ____ cm^3

j) 50 hl = ____ l k) 34 l = ____ ml l) 547 000 ml = ____ l

5 **Wie viele Einheitswürfel**

a) mit $1\,dm^3$ Volumen benötigt man, um einen Würfel von $1\,m^3$ Größe auszufüllen?

b) mit $1\,cm^3$ Volumen benötigt man, um einen Würfel von $1\,m^3$ Größe auszufüllen?

6 **Wie viel fehlt noch**

a) bis zu $1\,cm^3$: $800\,mm^3$; $75\,mm^3$; $4\,mm^3$?

b) bis zu 1 l: $400\,cm^3$; 500 ml; $22\,cm^3$; $2000\,mm^3$?

Merke dir

Die Kommaschreibweise bei Volumenmaßen
Willst du Volumenmaßen mit **Kommazahlen** umrechnen, hilft dir eine **Stellentafel**.

m^3			dm^3 (l)			cm^3 (ml)			mm^3			
H	Z	E	H	Z	E	H	Z	E	H	Z	E	
					2	3						$2{,}3\,dm^3 = 2300\,cm^3$
	1	4	7									$14{,}7\,m^3 = 14\,700\,dm^3$
						1	4	7	5	6	3	$147{,}563\,cm^3 = 147\,563\,mm^3$

7 **Fülle die Lücken in der Stellentafel aus, und rechne um.**

m^3			dm^3 (l)			cm^3 (ml)			mm^3			
H	Z	E	H	Z	E	H	Z	E	H	Z	E	
												$4{,}2\,m^3$ = ____ dm^3
												$23{,}54\,dm^3$ = ____ cm^3
												$24\,580\,cm^3$ = ____ dm^3
												15 780 l = ____ m^3
												240 ml = ____ dm^3
												$12\,dm^3$ = ____ m^3

8 **Wandle in die angegebene Einheit um.**

a) $2{,}84\,m^3$ = ____ dm^3
b) 13,257 l = ____ dm^3
c) 520 ml = ____ dm^3

d) $4237\,dm^3$ = ____ m^3
e) $85\,cm^3$ = ____ dm^3
f) 420 ml = ____ l

g) 3,7 l = ____ mm^3
h) $0{,}04\,dm^3$ = ____ ml
i) $8{,}0427\,m^3$ = ____ dm^3

Merke dir

Volumen Quader
Um das **Volumen** dieses **Quaders** zu erfahren, musst du die Anzahl der Einheitswürfel zählen. Du brauchst aber **nicht alle Würfel zählen.** In der untersten Schicht liegen insgesamt **12 Würfel (3 · 4).** Da der Quader aus **2 Schichten** besteht, befinden sich also insgesamt **24 (12 · 2)** Einheitswürfel im Quader. Der Quader besitzt ein Volumen von 24 cm^3.

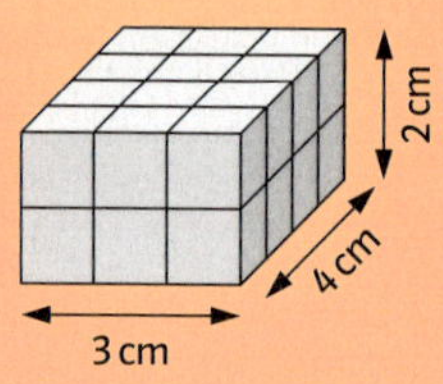

Allgemeine Formel für die Volumenberechnung eines Quaders:
V_{Quader} **= Länge · Breite · Höhe oder kurz** $V_{Quader} = a \cdot b \cdot c$

Beispiel: Ein Quader ist 3 cm lang, 7 cm breit und 6 cm hoch. Gesucht: V_{Quader}
$V_{Quader} = 3\,cm \cdot 7\,cm \cdot 6\,cm = 126\,cm^3$

9 **Berechne das Volumen dieser Quader.**

a) a = 4 cm; b = 7 cm; c = 9 cm
b) a = 15 dm; b = 22 dm; c = 19 dm
c) a = 1 m; b = 3 m; c = 2 m

d)

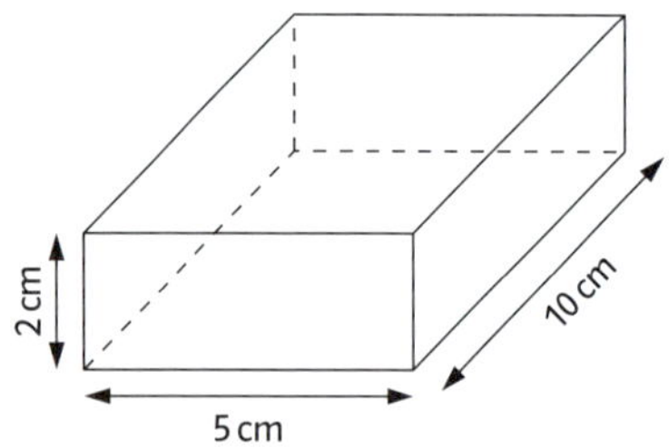

e)

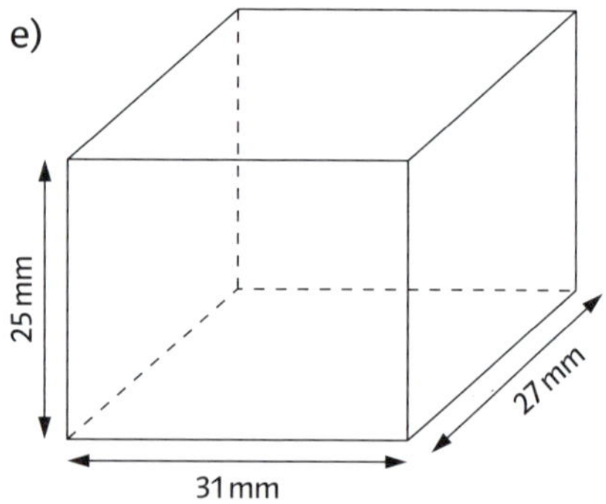

10 **Berechne jeweils die fehlende Länge, Höhe oder Breite am Quader.**

a) a = 6 cm; b = 5 cm; V = 120 cm^3
b) a = 22 mm; c = 16 mm; V = 5280 mm^3
c) b = 110 dm; c = 80 dm; V = 660 000 dm^3
d) a = b = 22 cm; V = 13 068 cm^3

11 **Ein quaderförmiges Aquarium ist 50 cm lang und 40 cm breit. Das Wasser steht 40 cm hoch. Wie viel Liter Wasser befinden sich im Aquarium?**

Merke dir

Sachaufgaben mit Volumenangaben
Hier bekommst du einige Tipps zum Lösen von Sachaufgaben mit Volumina:

1. Lies dir den Text genau durch.
2. Welche Angaben sind gegeben? Schreibe sie heraus oder markiere sie im Text.
3. Was genau ist gesucht oder gefragt? Schreibe es heraus oder markiere es im Text.
4. Überlege welche Grundrechenart (plus, minus, mal, geteilt) dir eventuell weiterhilft.
5. Wenn du Größen addierst, subtrahierst, multiplizierst oder dividierst, musst du immer darauf achten, dass sie alle in die gleiche Einheiten umgewandelt sind.
6. Schaue zum Schluss nochmals kritisch auf dein Ergebnis. Überlege durch Überschlagen: Kann der Zahlenwert und die dazugehörige Größe stimmen?
7. Notiere einen Antwortsatz.

12 **Herr Meier besitzt 4 Heizöltanks. In jeden Tank können 1500 l Heizöl gefüllt werden. Herr Meier hat 4237 l nachgetankt, jetzt sind alle 4 Tanks voll.**

a) Wie viel Liter Öl waren noch in den Tanks?

b) Ein Liter Heizöl kostet 72 ct. Wie viel Euro muss Herr Meier bezahlen?

13 **Eine Baugrube ist 14 m lang, 10 m breit und 3 m tief. Der Lastwagen, der die Erde abfährt, kann 7 m^3 Erde laden. Wie oft muss der Lastwagen fahren, um die gesamte Erde des Aushubs abzutransportieren?**

14 **Eine große Mülltonne fasst etwa 120 l Restmüll. In der Gemeinde Ranstadt wurden an einem Tag 267 volle Tonnen geleert.**

a) Wie viel Restmüll ist an diesem Tag insgesamt angefallen?

b) Stell dir vor, dass dieser Müll zu einem Quader gepresst würde. Dieser Quader soll 1 m lang und 1 m breit sein. Wie hoch wäre er dann?

15 **Das neu gekaufte Auto der Familie Schmidt verbraucht im Schnitt 5 l Benzin.**

a) Wie lange kann Herr Schmidt mit 5 l Benzin ungefähr fahren?

b) Herr Schmidt hat 20 Liter Benzin verfahren. Wie viel Kilometer ist er in etwa gefahren?

c) Der Benzintank fasst 50 l. Wie weit kann Herr Schmidt mit 50 l Benzin ungefähr fahren?

Abschlusstest: Größen

Der Abschlusstest ist in sechs verschiedene Themenbereiche untergliedert. Du musst nur die Bereiche bearbeiten, in denen du vorher Schwierigkeiten hattest und bereits die Übungen dazu gelöst hast.

Geld

1 Wandle in Euro oder in Cent um.

a) 76 € = ____ ct b) 7922 ct = ____ € c) 9 € 5 ct = ____ ct d) 888 € = ____ ct

e) 709 ct = ____ € f) 9,42 € = ____ ct g) 28 € 1 ct = ____ € h) 826 ct = ____ €

i) 7,38 € = ____ € ____ ct j) 4 832 003 ct = ____ € ____ ct

2 Ordne die Beträge aus Aufgabe 1 nach ihrem Wert. Beginne mit dem größten Wert.

3 Julian bekommt jeden Tag 1,50 € Taschengeld. Er möchte sich ein ferngesteuertes Auto für 179 € kaufen.

Zeit

4 Wandle in die angegebene Einheit um.

a) 8 min = ____ s b) 540 s = ____ min c) $\frac{1}{2}$ d = ____ min

d) 7364 s = ____ min ____ s e) 6 h 13 min = ____ min f) 1 d 17 h = ____ h

g) 3 Wochen 9 h = ____ h h) 239 min 180 s = ____ min i) 75 h = ____ d ____ h

5 Trage jeweils die fehlende Zeitdauer bzw. Uhrzeit ein.

Anfang	17:15 Uhr	01:51 Uhr		06:49 Uhr	23:48 Uhr
Ende	21:45 Uhr	05:14 Uhr	10:24 Uhr		07:23 Uhr
Zeitdauer			4 h 42 min	3 h 27 min	

6 Familie Hans fährt mit ihrem Auto um 8:36 Uhr los. Für die Fahrt zur Oma brauchen sie im Normalfall 3 h 46 min. Leider stehen sie zusätzlich 47 min im Stau.

Gewicht

7 **Wandle in deinem Heft in die angegebene Einheit um.**

a) 3900 kg = ____ t b) 8492 g = ____ mg c) 65 kg = ____ t d) 91 kg = ____ mg

e) 9 mg = ____ g f) 39 kg 4 g = ____ kg g) 94 823 g = ____ t h) 1 t 17 kg = ____ kg

i) 4,004 g = ____ mg j) 8,091 kg = ____ mg

8 **Ein afrikanischer Elefant kann bis zu 6 t schwer sein. Dividiere das Gewicht des Elefanten durch 10 und multipliziere mit 6. Dies ist das Höchstgewicht eines Breitmaulnashorns. Ein Kaffernbüffel wiegt den 4. Teil davon.**

9 **Ein Glas Apfelmus hat ein Bruttogewicht von 1 kg 45 g und ein Taragewicht von 325 g. Wie hoch ist das Nettogewicht?**

Längen

10 **Berechne und gib ohne Komma an.**

a) 4 km + 800 m + 6,1 km b) 7,45 m + 94 dm + 45 mm c) 83 m + 10,8 km + 90 dm

d) 78 cm + 0,7 m + 5,01 m e) 100 mm + 4,6 cm + 0,5 dm f) 839 m + 9001 dm + 0,06 km

11 **Auf der Abbildung sind die Entfernungen zwischen 4 Orten abgebildet.**

a) Wie weit ist es von B nach C über D? ________ m

b) Wie weit ist es von D nach A über B? ________ m

c) Wie weit ist es von A zurück nach D über C?

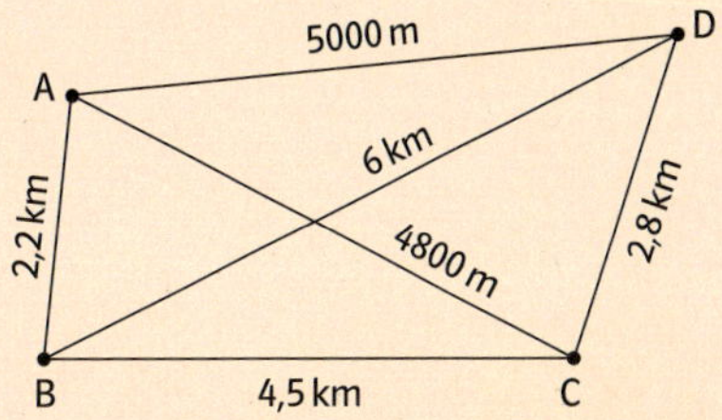

____

12 **Bestimme die Länge und Breite der Rechtecke. Gib in der angegebenen Einheit an.**

a) ______ cm

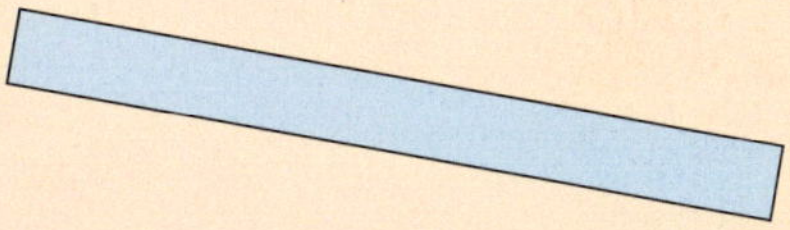

______ cm ______ mm

b)

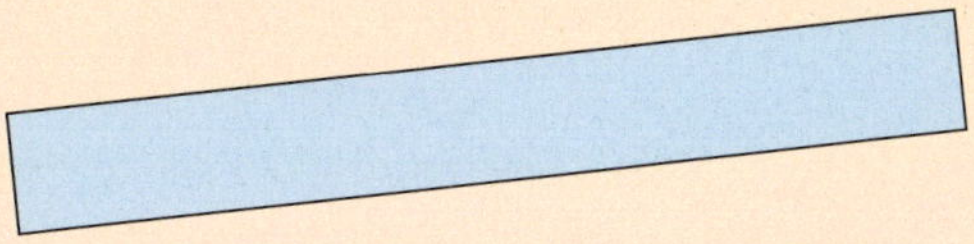

______ mm

______ cm ______ mm

13 Verbinde die Punkte A und B, so dass zwischen ihnen ein Weg von exakt 14,7 cm Länge liegt. Zeichne dazu den Weg über einen Punkt C.

Flächeninhalt und Umfang

14 Sortiere diese Figuren nach ihrer Fläche. Beginne mit dem kleinsten Flächeninhalt.

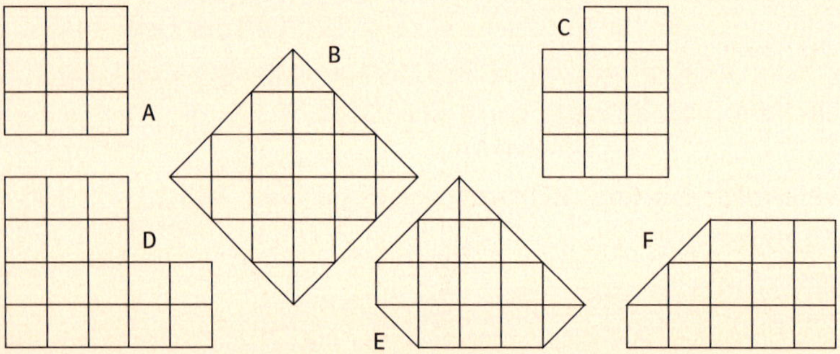

15 Zeichne eine Figur mit folgendem Flächeninhalt:

a) $12\,cm^2$ b) $8\,cm^2$ c) $20\,cm^2$

16 Bestimme den Umfang der jeweiligen Figuren.

a)

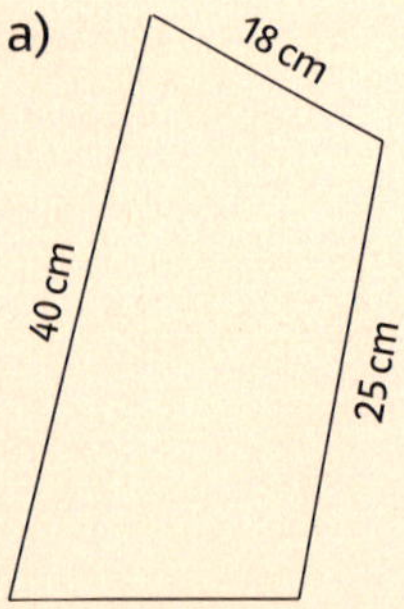

b)

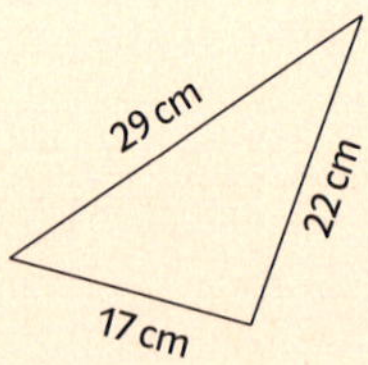

c)

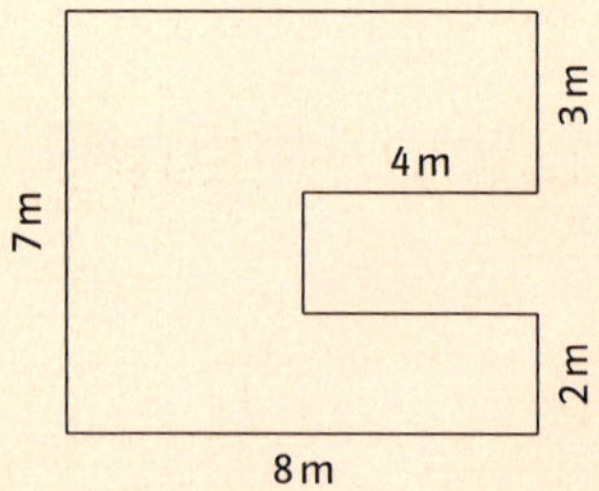

17 Rechne in die angegebene Einheit um.

a) $5\,dm^2$ = ________ cm^2 b) $400\,m^2$ = ________ a c) $5500\,cm^2$ = ________ dm^2

d) $4{,}52\,cm^2$ = ________ mm^2 e) $38\,m^2$ = ________ dm^2 f) 1,64 ha = ________ a

g) $0{,}547\,m^2$ = ________ cm^2 h) 1,5 ha = ________ m^2

18 Berechne jeweils den Flächeninhalt und Umfang dieser Rechtecke.

a) a = 9 cm; b = 7 cm b) a = 36 mm; b = 27 mm c) a = 24 dm; b = 200 cm

19 **Berechne jeweils die fehlende Länge oder Breite im Rechteck.**

a) a = 19 cm; A = 323 cm² b) b = 2000 mm; A = 36 000 cm² c) a = 146 dm; U = 666 dm

20 **Ein rechteckiger Bauplatz ist 4 a groß. Seine Breite beträgt 25 m.**

a) Wie lang ist der Bauplatz?

b) Ein Quadratmeter kostet 285 €. Wie viel Euro muss für den gesamten Bauplatz bezahlt werden?

21 **Berechne die Größe der einzelnen Räume.**

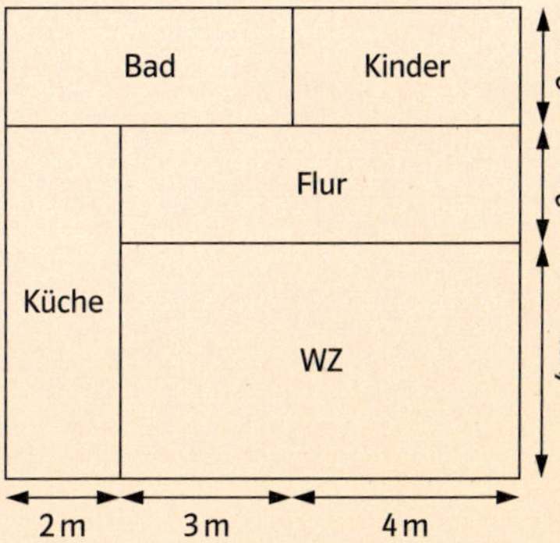

22 **Schätze die Größe des Bodensees.**

Maßstab 1 : 1 000 000

Volumen

23 **Sortiere die Körper nach ihrer Volumengröße. Beginne mit dem kleinsten Volumen.**

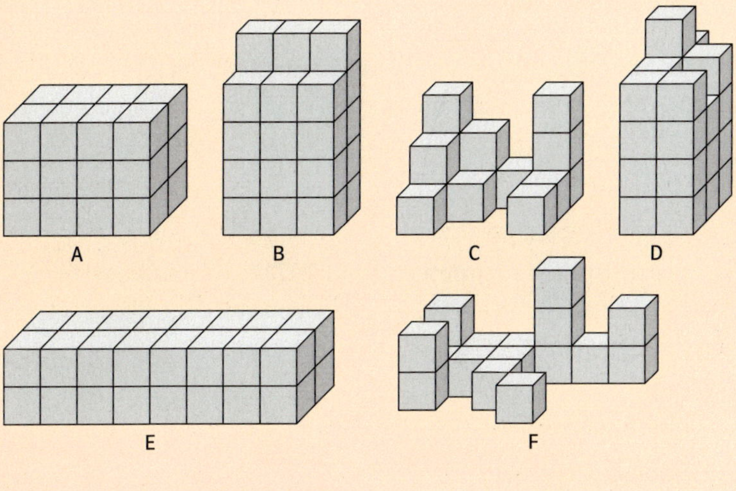

24 Wie viele Einheitswürfel mit $V = 1\,cm^3$ passen in einen großen Würfel mit $V = 1\,dm^3$?

______

25 Rechne in die angegebene Einheit um.

a) $4\,cm^3$ = ______ mm^3 b) $5000\,dm^3$ = ______ m^3 c) $40\,dm^3$ = ______ mm^3

d) 6000 l = ______ m^3 e) 40 l = ______ ml f) 5000 hl = ______ l

g) $3{,}6\,dm^3$ = ______ cm^3 h) $14{,}56\,dm^3$ = ______ ml i) 140 l = ______ m^3

j) $0{,}05\,dm^3$ = ______ cm^3 k) 3,6054 l = ______ cm^3 l) $4785{,}1\,dm^3$ = ______ m^3

26 Berechne das Volumen dieser Quader.

a) a = 7 cm; b = 6 cm; c = 5 cm b) a = 47 mm; b = 38 mm; c = 5,2 cm

c)

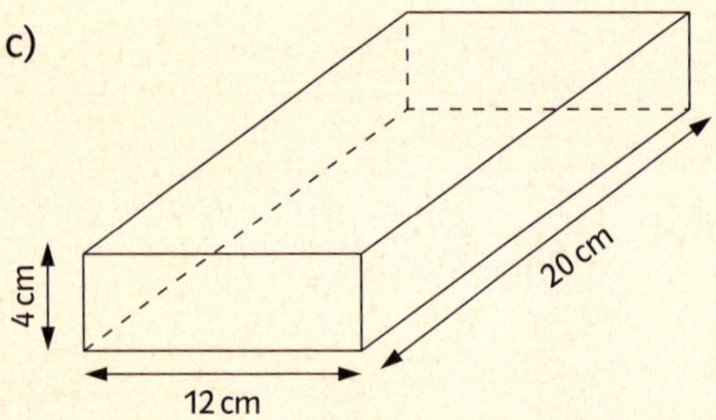

d)

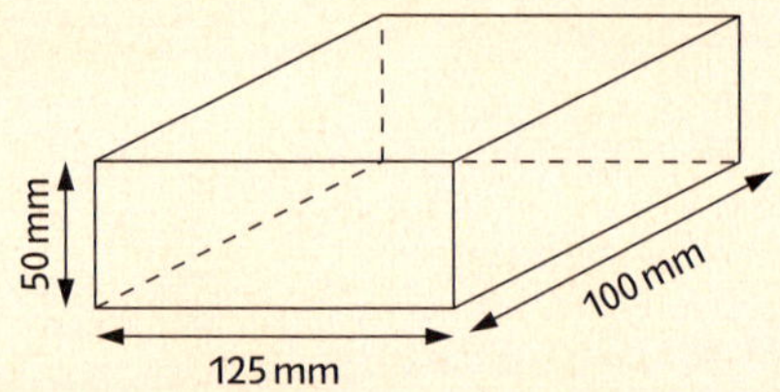

______

27 Berechne die fehlende Länge, Breite oder Höhe des Quaders.

a) a = 14 cm; b = 10 cm; $V = 1540\,cm^3$ b) a = 274 mm; c = 136 mm; $V = 3726{,}4\,cm^3$

28 Jedes Pferd braucht im Stall mindestens $40\,m^3$ Luftraum. Ein Stall ist 18 m lang, 10 m breit und 6 m hoch. Wie viele Pferde dürfen hier höchstens untergebracht werden?

______

29 Beim letzten Volltanken zeigte der Kilometerstand 22 471 km. Beim nächsten Volltanken zeigte der Tacho 23 271 km. Der Tank fasst 40 l. Wie viel Liter Benzin verbraucht das Auto für 100 km Fahrtstrecke?

______

4 Körper und Figuren

Was war noch mal ein Würfelnetz? Welche Eigenschaften hat das Rechteck oder der Quader? Wie zeichnet man parallele Geraden? Bestimmt findest du Geometrie richtig spannend, wenn du dich damit beschäftigst. Und am Ende des Kapitels hast du zu den oben erwähnten Fragen sicherlich passende Antworten aufgebaut. Was weißt du jetzt schon, was noch nicht?

- Mach zuerst den Diagnosetest und vergleiche deine Antworten mit den Lösungen ab S. 146.
- Die Auswertungstabelle im Lösungsteil zeigt dir, was du schon gut kannst und was du noch üben solltest.
- Trainiere nach der Auswertung die Bereiche, in denen du noch Fehler gemacht hast. Genaue Seitenangaben findest du in der Tabelle.
- Mit dem Abschlusstest ab S. 97 findest du heraus, ob du richtig fit bist.

Strecken, Geraden und Halbgeraden

1 Betrachte die einzelnen Strecken, Geraden und Halbgeraden.

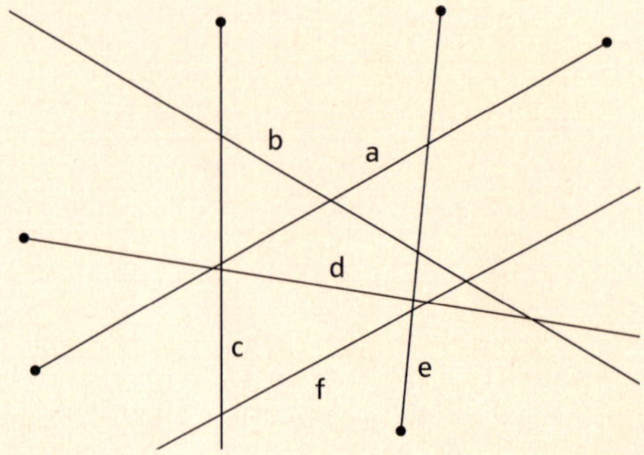

a) Welches sind Strecken?

____

b) Welches sind Halbgeraden?

____

c) Welches sind Geraden?

____

2 Betrachte die Geradenpaare.

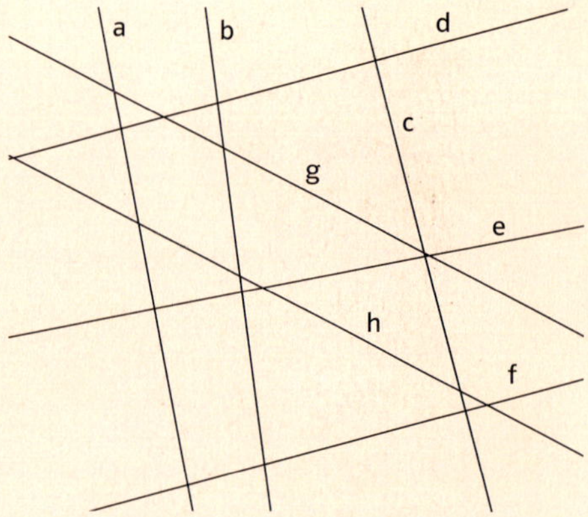

a) Schreibe alle Geradenpaare auf, die senkrecht zueinander stehen.

____

b) Schreibe alle Geradenpaare auf, die parallel zueinander verlaufen.

____

3 Zeichne in dein Heft.

a) Konstruiere durch P eine Senkrechte zu a.

b) Konstruiere durch Q eine Parallele zu a.

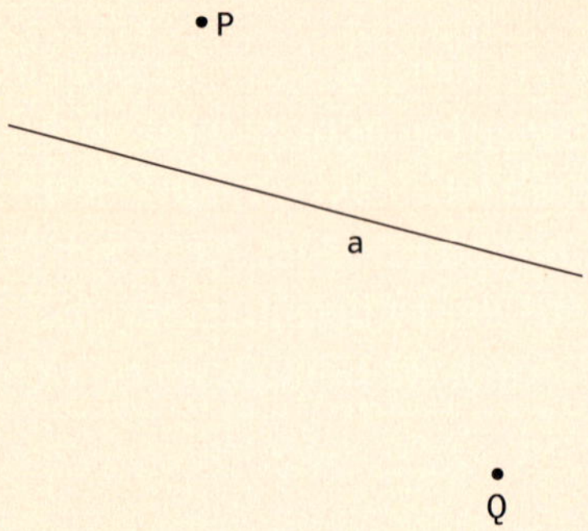

4 **Löse, ohne zu zeichnen.**

a) Die Gerade a verläuft parallel zu b. Gerade c ist senkrecht zu a. Wie verläuft c zu b?

____

b) Die Gerade a steht senkrecht zu b und zu c. Wie liegen b und c zueinander?

____

Eigenschaften von Figuren

5 **Um welche Figuren handelt es sich? Ordne die Buchstaben richtig zu.**

a) Quadrat: ______________

b) Rechteck: ______________

c) Parallelogramm: ______________

d) Trapez: ______________

e) Drachen: ______________

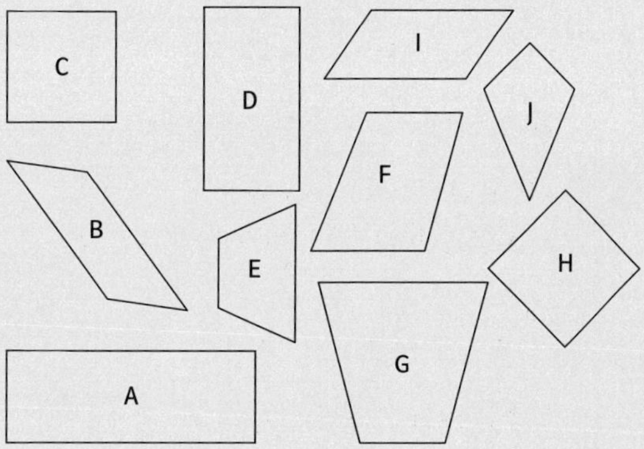

6 **Nenne je eine Eigenschaft der Figuren:**

a) Quadrat: ______________________________

b) Rechteck: ______________________________

c) Parallelogramm: ______________________________

d) Raute: ______________________________

e) Trapez: ______________________________

f) Drachen: ______________________________

7 **Zeichne jeweils die Figur mit den angegebenen Maßen ins Heft.**

a) Quadrat: a = 5 cm

b) Rechteck: a = 4 cm; b = 3 cm

c) Parallelogramm: a = 6 cm; b = 4 cm

8 **Kreuze wahre Aussagen an.**

- ◯ Jedes Quadrat ist auch ein Rechteck.
- ◯ Jedes Parallelogramm ist auch ein Rechteck.
- ◯ Jede Raute ist auch ein Parallelogramm.
- ◯ Jedes Trapez ist auch eine Raute.
- ◯ Jedes Rechteck ist auch ein Drachen.
- ◯ Jede Raute ist auch ein Quader.

Eigenschaften und Netze von Körpern

9 **Schreibe jeweils den richtigen Buchstaben zum Namen des Körpers.**

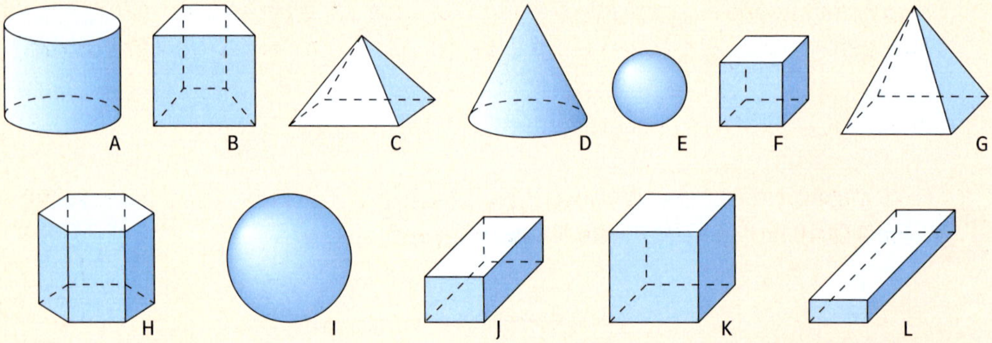

a) Würfel: ___________

b) Quader: ___________

c) Prisma (dreieckige Grundfläche): ___________

d) quadratische Pyramide: ___________

e) Zylinder: ___________

f) Kegel: ___________

g) Kugel: ___________

10 **Fülle die Tabelle richtig aus.**

Name	Anzahl Flächen	Anzahl Ecken	Anzahl Kanten
Würfel			
Quader			
Prisma (dreieckige Grundfläche)			
quadratische Pyramide			
Zylinder			
Kegel			

11 **Von einer quadratischen Pyramide wird die Spitze parallel zur Grundfläche abgeschnitten. Wie viele Kanten, Flächen und Ecken hat dann der Restkörper?**

Kanten: ______ Flächen: ______ Ecken: ______

12 **Zu welchem geometrischen Körper gehören diese Netze? Schreibe jeweils den richtigen Buchstaben zum Namen des Körpers.**

a) Würfel: ______ b) Quader: ______ c) Pyramide: ______

d) Prisma (dreieckige Grundfläche): ______

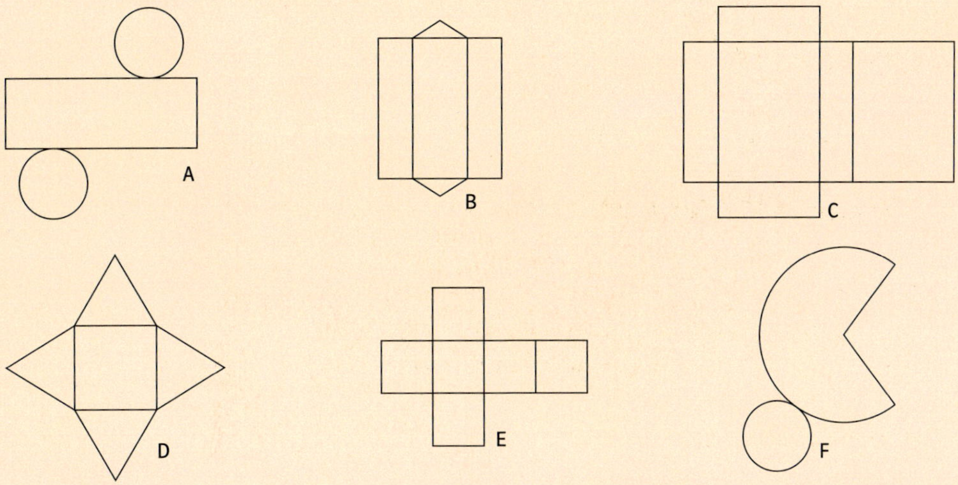

13 **Färbe gegenüberliegende Flächen im Würfel mit der gleichen Farbe.**

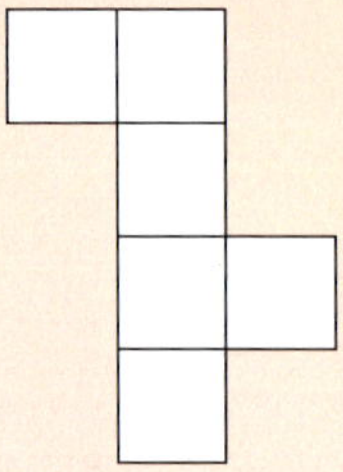

14 **Zeichne die Netze zu Ende.**

a)

b)

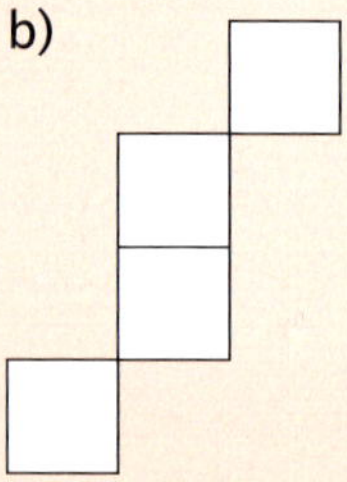

Die Testauswertung findest du in den Lösungen auf S. 147.

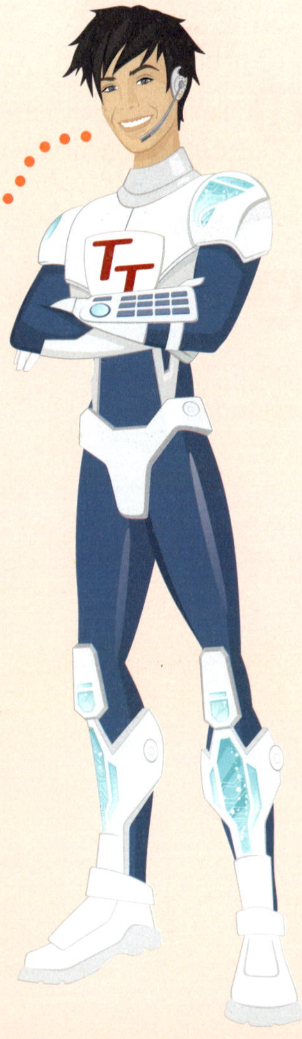

Strecken, Geraden und Halbgeraden

Merke dir

Strecken, Geraden und Halbgeraden sind gerade Linien.

Jede **Strecke** hat einen **Anfangspunkt** und einen **Endpunkt**. Ihre Länge kann man messen.

Beispiel: Die Strecke mit den beiden Endpunkten A und B.

Eine **Gerade** hat **keinen Anfangspunkt** und **keinen Endpunkt**.
Die Länge kann nicht gemessen werden.

Beispiel: Die Gerade g verläuft durch die beiden Punkte C und D.

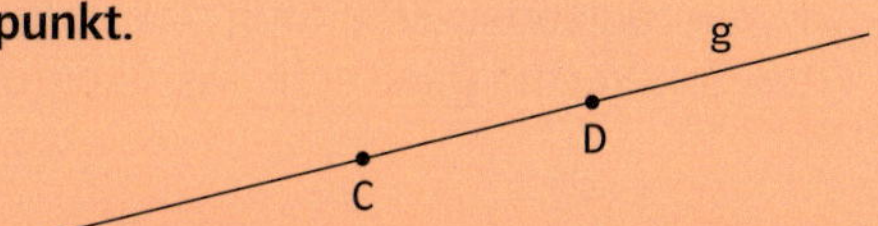

Eine **Halbgerade** hat **einen Anfangspunkt** und **keinen Endpunkt**. Die Länge der Halbgeraden kann nicht gemessen werden.

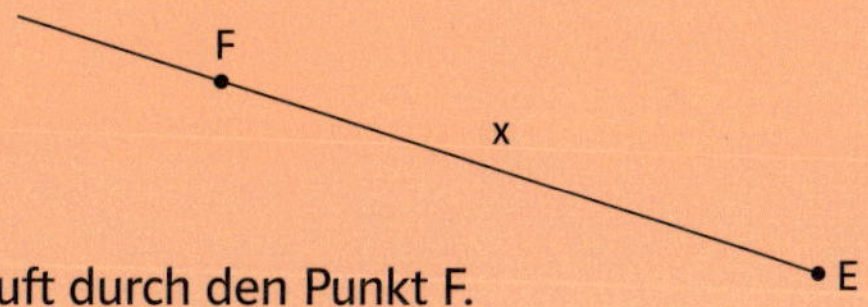

Beispiel: Die Halbgerade x startet im Punkt E und verläuft durch den Punkt F.

1 **Schreibe den passenden Buchstaben zum Begriff auf.**

Strecke: ______________

Gerade: ______________

Halbgerade: ___________

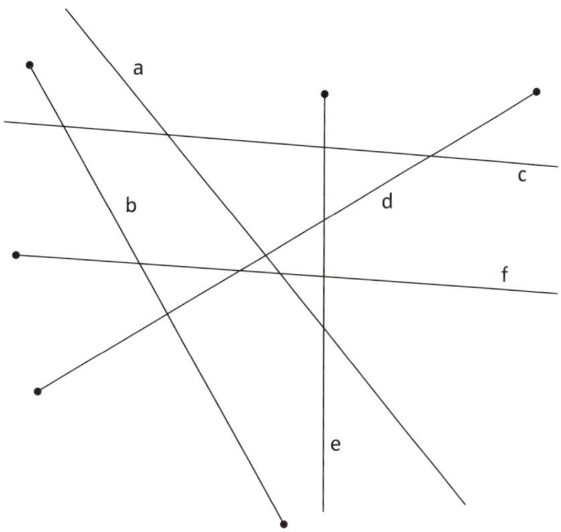

2 **Kreuze wahre Aussagen an.**

- ◯ Die Länge einer Strecke kann nicht gemessen werden.
- ◯ Eine Gerade ist unendlich lang.
- ◯ Die Länge einer Halbgeraden kann gemessen werden.
- ◯ Die Strecke könnte 5 cm lang sein.

Merke dir

Die Geraden g und h stehen im Beispiel senkrecht aufeinander.
Man schreibt dafür $g \perp h$.
In der folgenden Anleitung siehst du, wie man zur Geraden h die Senkrechte g mithilfe des Geodreiecks zeichnen kann.

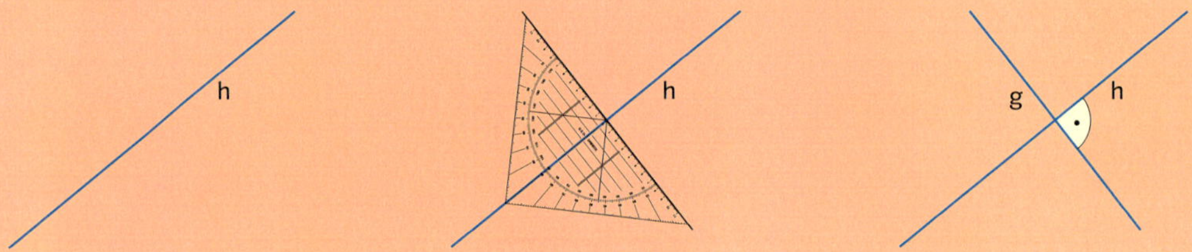

3 **Nenne alle Geradenpaare, die senkrecht aufeinanderstehen. Benutze das Geodreieck.**

____

____

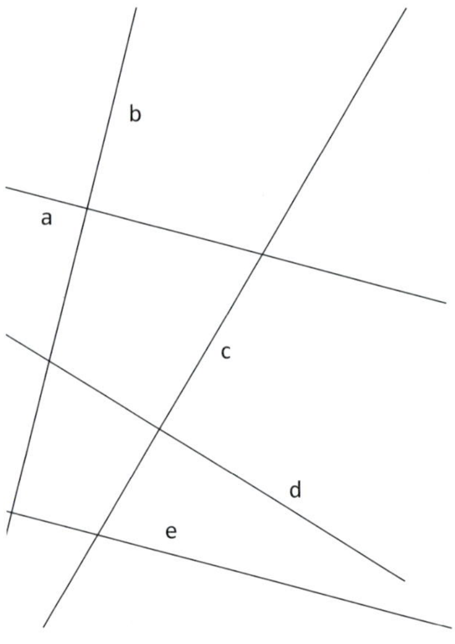

4 **Zeichne in deinem Heft zur gegebenen Gerade a durch die Punkte B, C und D je eine Senkrechte.**

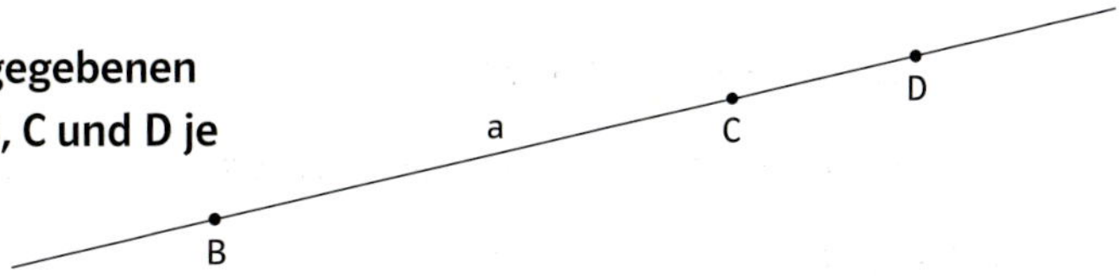

5 **Zeichne die Spirale in dein Heft und ergänze 3 weitere Dreiecke.**

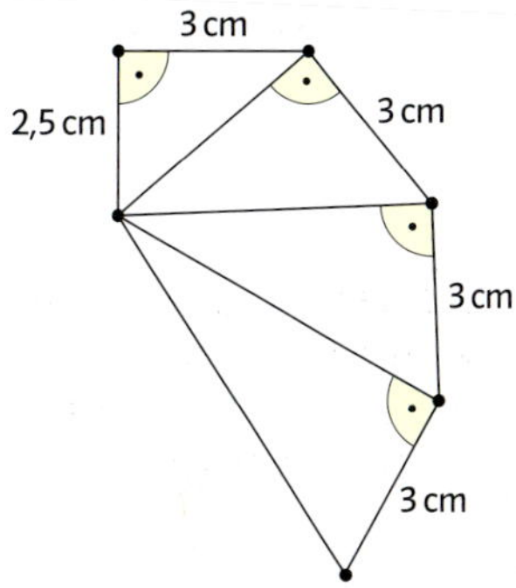

Merke dir

Abstand eines Punktes zu einer Geraden
Gegeben sei eine Gerade g und die beiden Punkte A und W.
Die Strecke von A nach W verläuft senkrecht zu g.
Die Länge dieser Strecke ist der Abstand des Punktes A zur Geraden g.

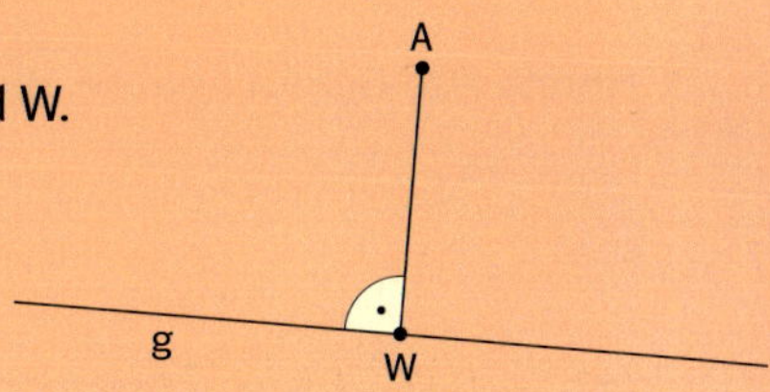

6 **Bestimme den Abstand von der Geraden g zu den Punkten A, B und C.**

Abstand von g zu A: ___________ cm

Abstand von g zu B: ___________ cm

Abstand von g zu C: ___________ cm

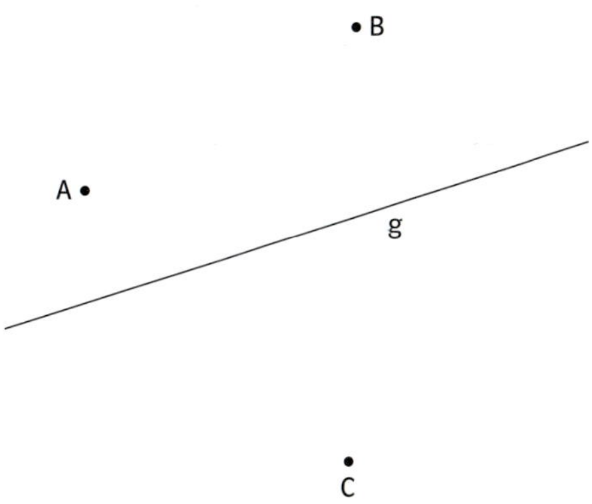

7 **Zeichne zur Geraden g einen beliebigen Punkt D, der von g genau 4 cm entfernt ist.**

Merke dir

Parallele Geraden
Zwei Geraden **a** und **b** heißen **parallel**, wenn sie überall **denselben Abstand** haben.
Wir schreiben:
a || b (gesprochen: a ist parallel zu b).

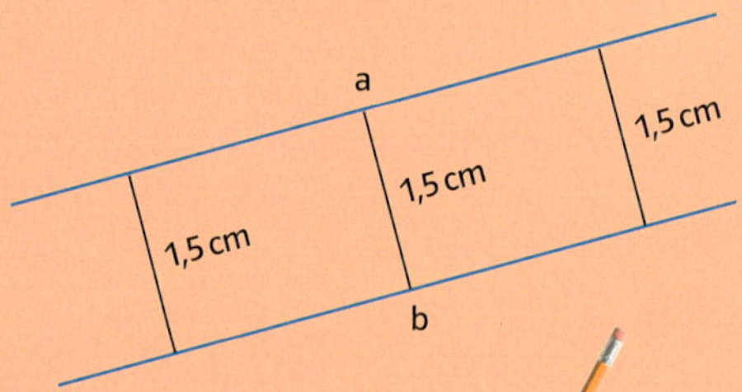

Wie wird eine **Parallele h** zu einer vorgegebenen **Gerade g** gezeichnet?
Auf dem Geodreieck befinden sich zahlreiche waagrechte parallele Linien. Eine dieser Linien wird mit der vorgegebenen Gerade g deckungsgleich gelegt. Durch Parallelverschiebung des Geodreiecks kann der Abstand verändert werden. Entlang der Kante des Geodreiecks wird die Parallele h gezeichnet.

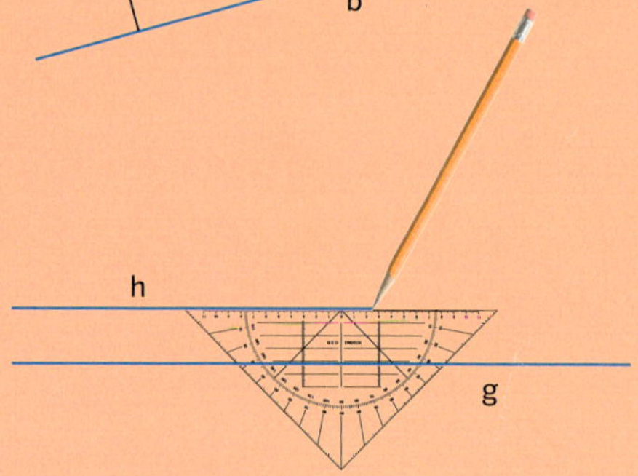

8 **Nenne alle Geradenpaare, die parallel zueinander verlaufen. Benutze das Geodreieck.**

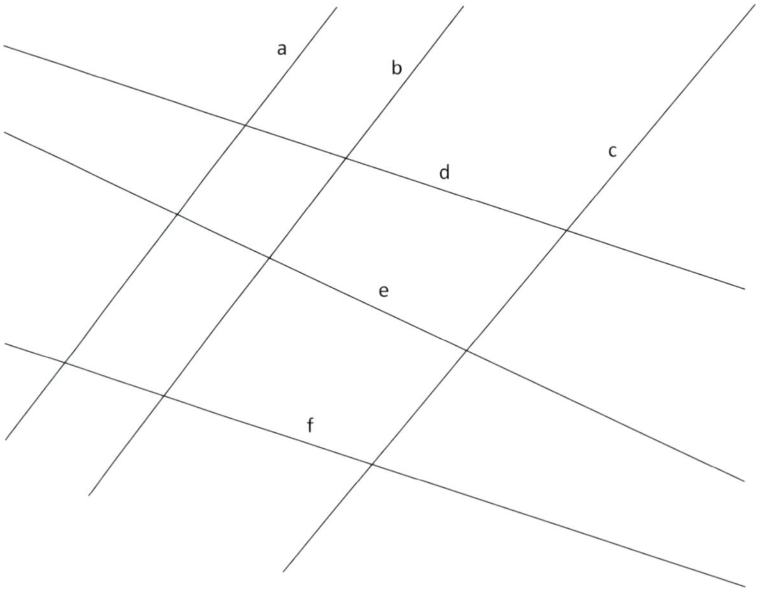

9 **Konstruiere zur Geraden g jeweils eine Parallele durch A, durch B und durch C.**

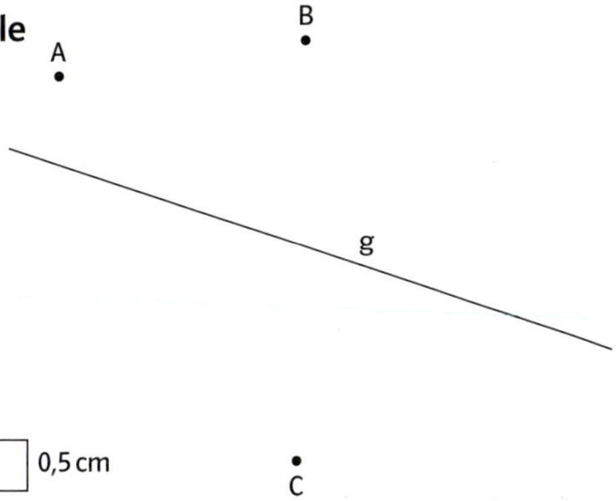

10 **Zeichne diese Mauer auf unliniertem Papier mithilfe des Geodreiecks.**

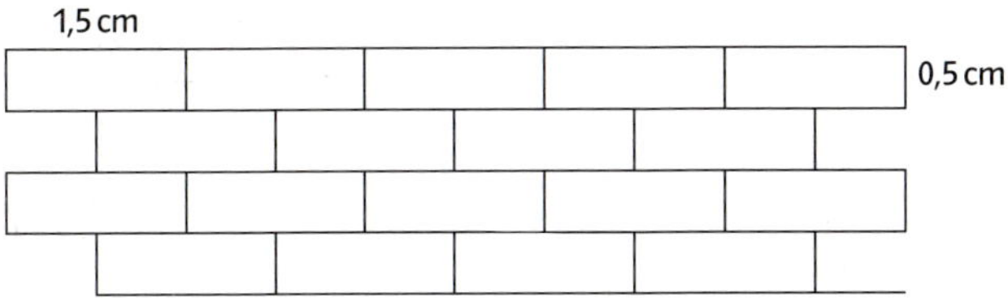

11 **Löse die Aufgabe, ohne zu zeichnen.**

a) Die Gerade x steht senkrecht auf der Geraden y. Die Gerade y steht senkrecht auf der Geraden z. Wie verläuft die Gerade x zur Geraden z?

b) Gerade x verläuft parallel zur Geraden y. Die Gerade y steht senkrecht auf der Geraden z. Wie steht Gerade x zur Geraden z?

Eigenschaften von Figuren

Merke dir

Beschriften von Figuren
Dazu gelten folgende Regeln:
Eckpunkte werden mit **Großbuchstaben** benannt.
Seiten werden mit **Kleinbuchstaben** benannt.
Man beschriftet die Figur entgegen dem Uhrzeigersinn.

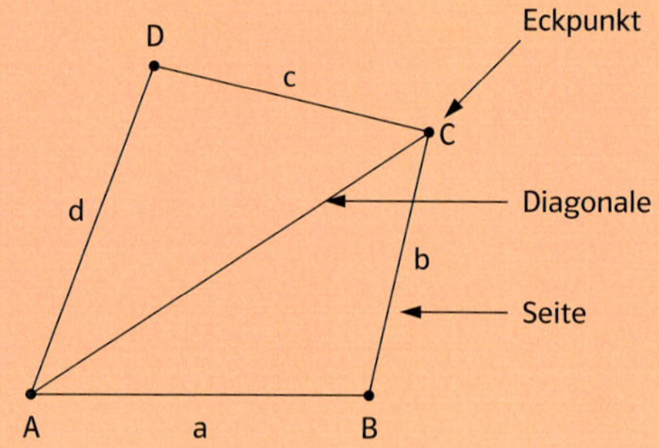

1 **Nenne zu diesem Fünfeck jeweils**

a) die Seitennamen b) die Eckpunktnamen

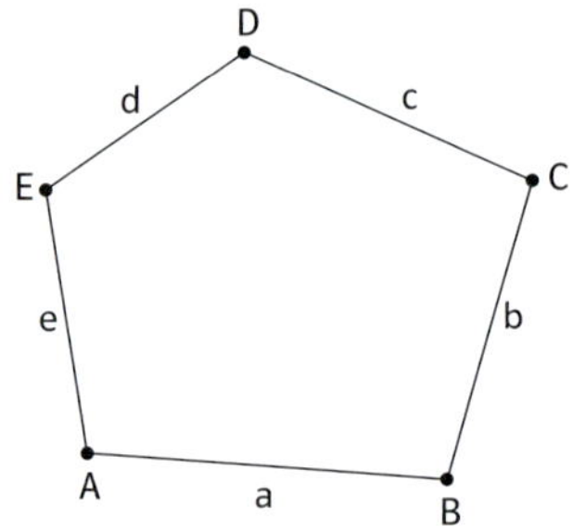

2 **Streiche hier falsche Bezeichnungen durch, und verbessere sie.**

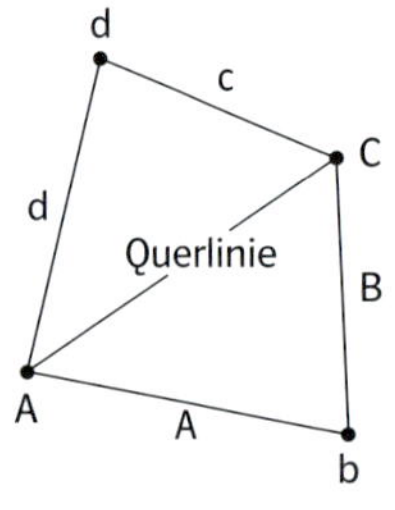

Merke dir

Rechteck
Bei einem Rechteck stehen benachbarte Seiten senkrecht zueinander.
Weitere Eigenschaften eines Rechtecks:
1. Gegenüberliegende Seiten sind gleich lang.
2. Gegenüberliegende Seiten sind parallel.
3. Die Diagonalen sind gleich lang und halbieren sich.

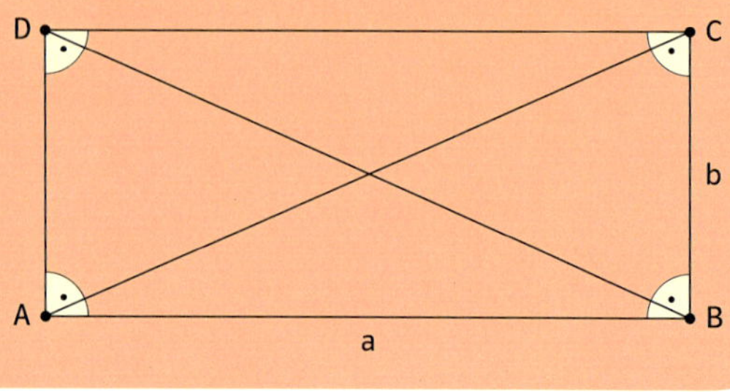

3 **Wo gibt es in deiner Umwelt Rechtecke? Nenne 3 Beispiele.**

4 **Hier wird ein Rechteck mit den Seitenlängen a = 10 cm und b = 5 cm gezeichnet. Bringe die Bilder in die richtige Reihenfolge, indem du die Großbuchstaben dazu aufschreibst.**

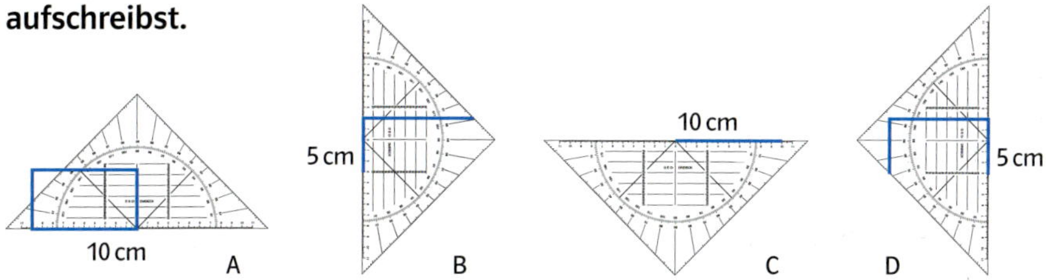

5 **Zeichne die folgenden Rechtecke in dein Heft.**

a) a = 4 cm; b = 6 cm b) a = 5,5 cm; b = 2,5 cm c) a = 3,8 cm; b = 4,2 cm

Merke dir

Quadrat
Ein **Quadrat** ist ein **besonderes Rechteck**.
Alle **4 Seiten** sind **gleich lang**.

Weitere Eigenschaften eines Quadrats:
1. Gegenüberliegende Seiten sind parallel.
2. Benachbarte Seiten stehen senkrecht zueinander.
3. Die Diagonalen sind gleich lang, halbieren sich und stehen senkrecht zueinander.

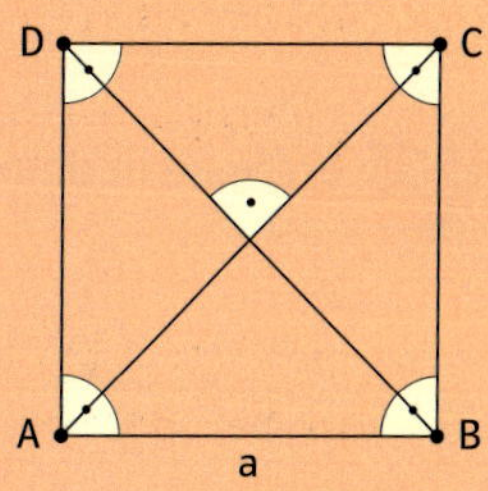

6 **Zeichne die folgenden Quadrate in dein Heft.**

a) a = 5 cm b) a = 6,5 cm c) a = 5,8 cm

7 **Kreuze wahre Aussagen an.**

- ◯ Jedes Rechteck ist ein Quadrat.
- ◯ Jedes Quadrat ist ein Rechteck.
- ◯ Im Rechteck sind benachbarte Seiten parallel.
- ◯ Im Quadrat sind alle 4 Seiten gleich lang.
- ◯ Im Rechteck halbieren sich die Diagonalen.
- ◯ Im Quadrat halbieren sich die Diagonalen.

Merke dir

Parallelogramm
Bei einem **Parallelogramm** sind alle **gegenüberliegenden Seiten parallel** zueinander.

Weitere Eigenschaften eines Parallelogramms:
1. Gegenüberliegende Seiten sind gleich lang.
2. Die Diagonalen halbieren sich.

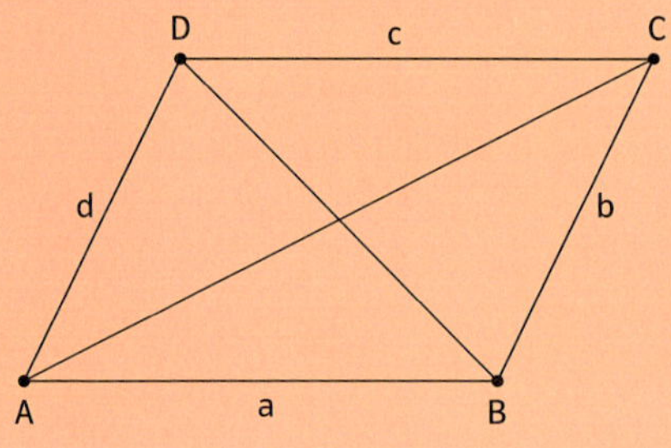

8 **Hier siehst du die Vierecke A bis E.**
Bei welchen handelt es sich um ein Parallelogramm?

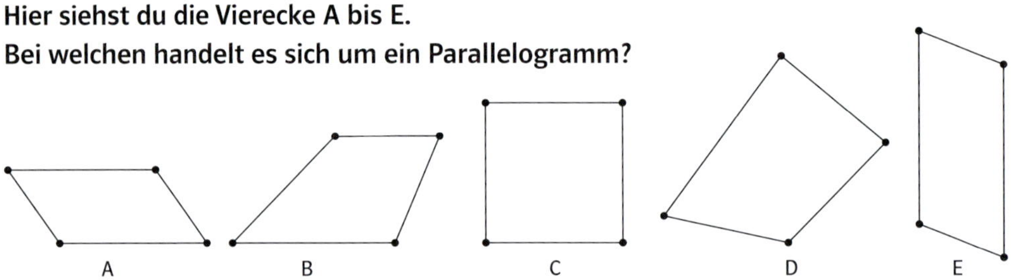

9 **Ergänze in deinem Heft diese Figuren jeweils zu einem Parallelogramm.**

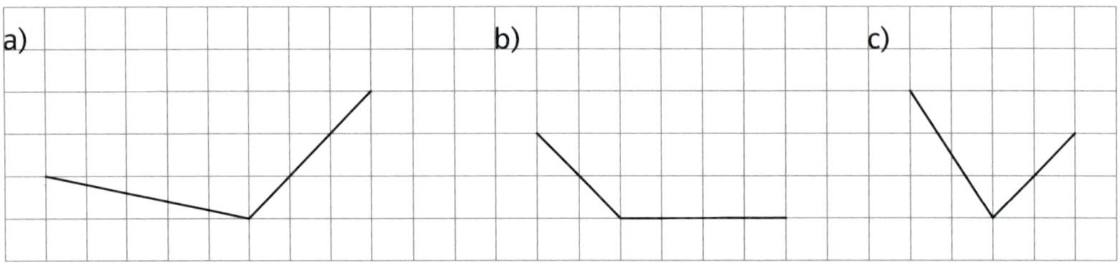

10 **Hier wird ein Parallelogramm mit den Seitenlängen a = 5 cm und b = 3 cm gezeichnet. Bringe die Bilder in die richtige Reihenfolge, indem du die Großbuchstaben dazu aufschreibst.**

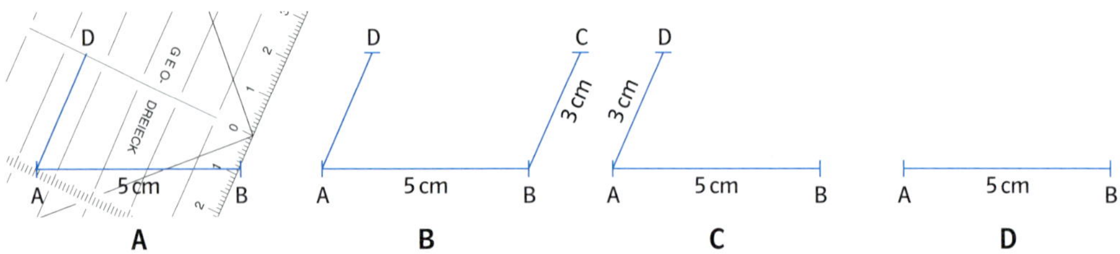

11 **Schau dir noch einmal Aufgabe 10 an. Jonas behauptet: Es lassen sich noch andere Parallelogramme zeichnen, die ebenfalls 5 cm lang und 3 cm breit sind. Warum hat Jonas recht? Begründe.**

12 **Zeichne diese Parallelogramme in dein Heft.**

a) a = 6 cm; b = 4 cm b) a = 5,5 cm; b = 3,5 cm

c) a = 5,1 cm; b = 6,8 cm

Merke dir

Raute
Bei einer **Raute** sind alle **4 Seiten gleich** lang.

Weitere Eigenschaften einer Raute:
1. Gegenüberliegende Seiten sind parallel.
2. Die Diagonalen halbieren sich und stehen senkrecht zueinander.

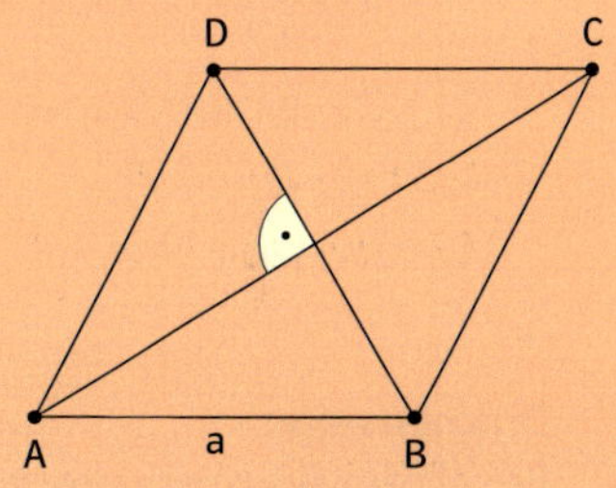

13 **Zeichne diese Rauten in dein Heft. Achtung: Die Nachbarseiten sollen nicht senkrecht aufeinander stehen.**

a) a = 5 cm b) a = 7 cm c) a = 6,8 cm

14 **Kreuze wahre Aussagen an.**

◯ Jede Raute ist ein Parallelogramm. ◯ Jedes Parallelogramm ist eine Raute.

◯ Jede Raute ist ein Quadrat. ◯ Jedes Quadrat ist eine Raute.

◯ In einer Raute sind gegenüberliegende Seiten gleich lang.

◯ In einem Parallelogramm sind die Diagonalen gleich lang.

Merke dir

Trapez
Ein **Trapez** besitzt **mindestens 1 Paar parallele Seiten.**
Im Beispiel ist die Seite c parallel zur Seite a (c || a).

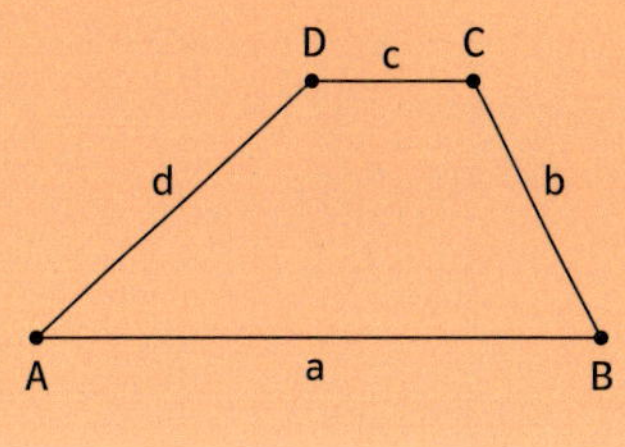

15 **Hier siehst du die Vierecke A bis E. Bei welchen handelt es sich um ein Trapez?**

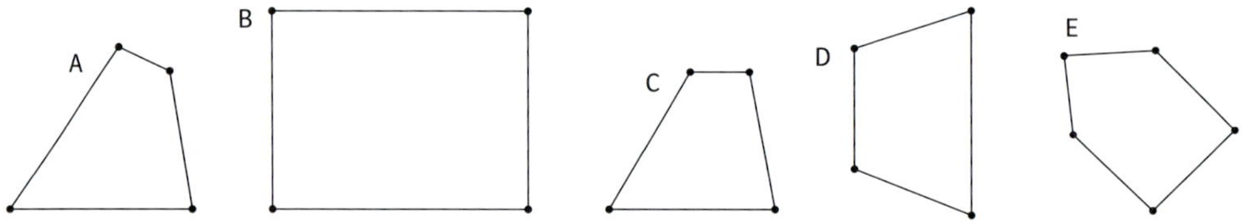

16 **Kreuze wahre Aussagen an.**

- ◯ Jedes Rechteck ist ein Trapez.
- ◯ Jedes Trapez ist ein Rechteck.
- ◯ Jedes Parallelogramm ist ein Trapez.
- ◯ Jedes Trapez ist eine Raute.
- ◯ Bei einem Trapez sind alle gegenüberliegenden Seiten parallel.

Merke dir

Drachenviereck
Bei einem **Drachenviereck** sind
je **2 benachbarte Seiten gleich lang.**

Weitere Eigenschaften eines Drachenvierecks:
1. Die Diagonalen stehen senkrecht aufeinander.
2. Eine Diagonale wird halbiert.

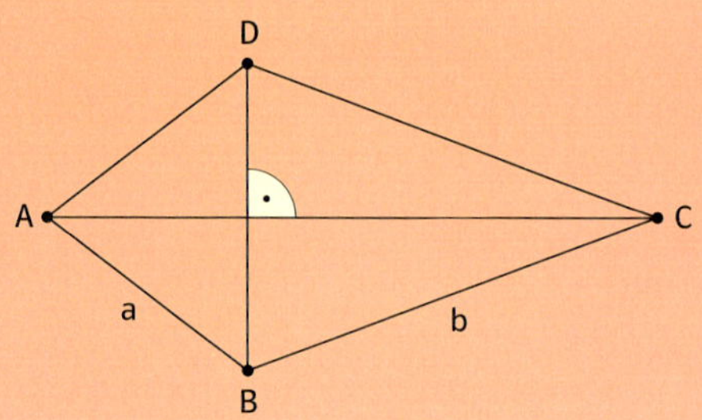

17 **Wobei handelt es sich um Drachenvierecke? Färbe bei diesen die gleich langen Seitenpaare in der gleichen Farbe.**

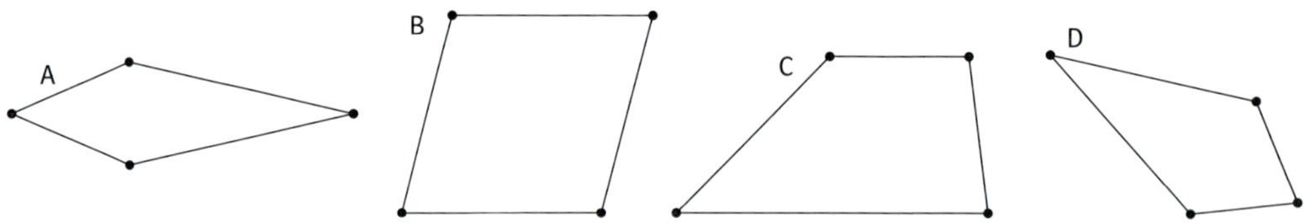

18 **Ergänze jeweils in deinem Heft zu einem Drachenviereck.**

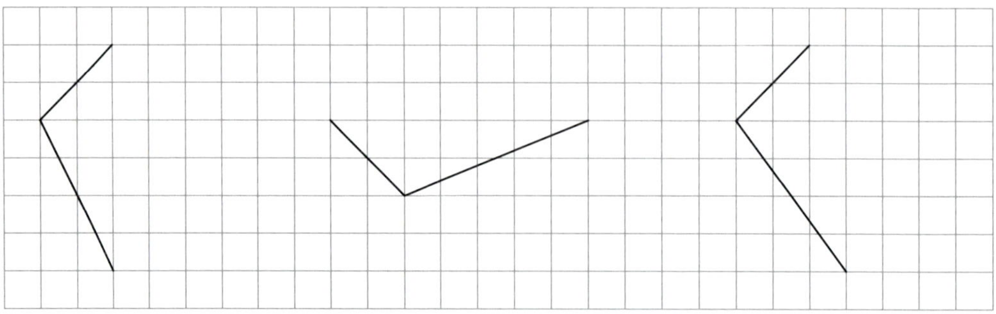

Eigenschaften und Netze von Körpern

Merke dir

Merkmale von Körpern
Ein **Körper** wird durch **Flächen** begrenzt.
Flächen, die aneinanderstoßen, bilden **Kanten**.
Kanten, die aneinanderstoßen, bilden **Ecken**.

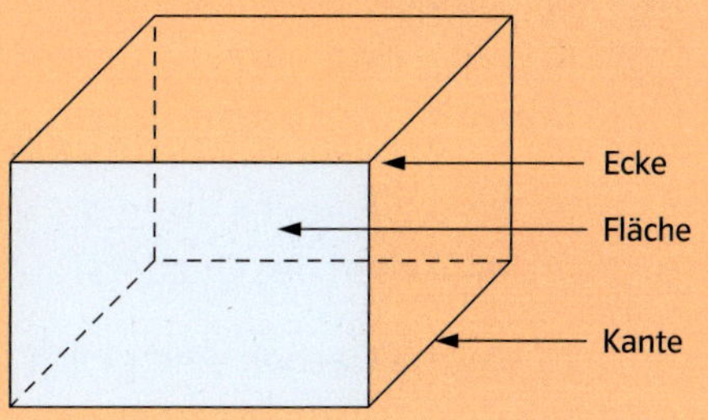

1 **Färbe bei diesen Körpern jeweils eine Fläche, eine Kante und eine Ecke.**

a)
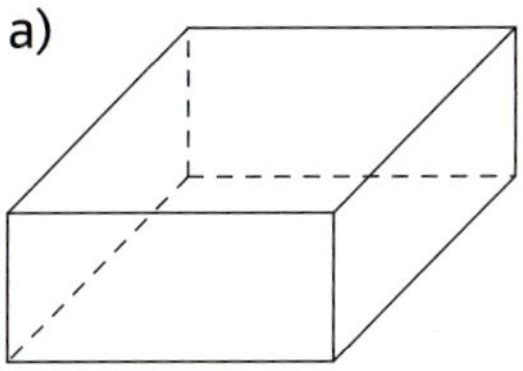

b)
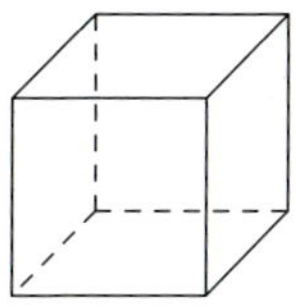

c)
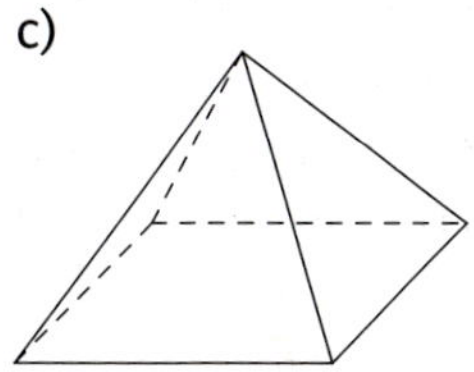

Merke dir

Quader
Ein **Quader** wird durch seine **Länge (a)**, **Breite (b)** und **Höhe (c)** bestimmt. Die **Kanten** des Quaders treffen an den **Ecken senkrecht** aufeinander.
Wenn man den Quader entlang seiner Kanten aufschneidet, erhält man sein **Netz**.

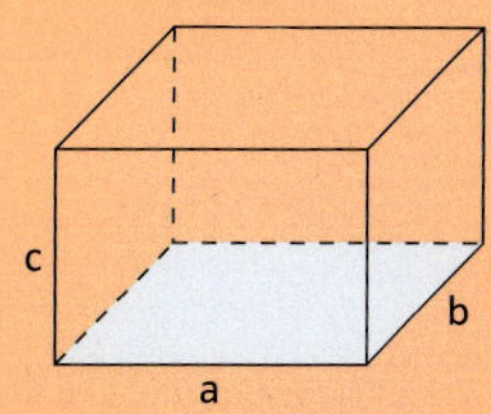

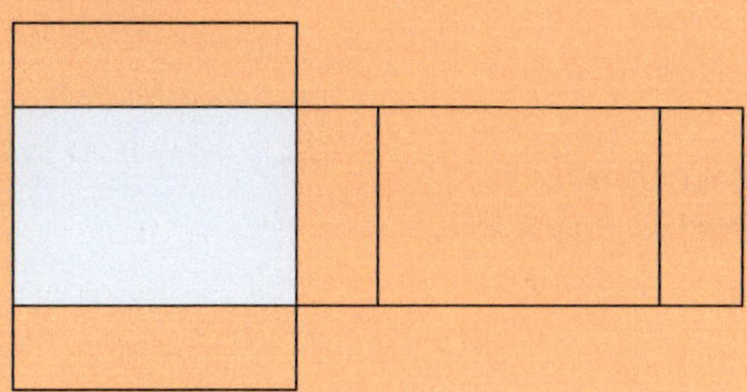

2 **Betrachte die beiden Darstellungen des Quaders im Merkkasten und beantworte die Fragen.**

a) Wie viele Flächen besitzt ein Quader?

b) Wie viele Kanten besitzt ein Quader?

c) Wie viele Ecken besitzt ein Quader?

3 **Betrachte das abgebildete Quadernetz.**

a) Welche Form besitzen die einzelnen Teilflächen des Quaders?

b) Welche Flächen sind gleich groß?

c) Male gegenüberliegende Flächen in der gleichen Farbe an.

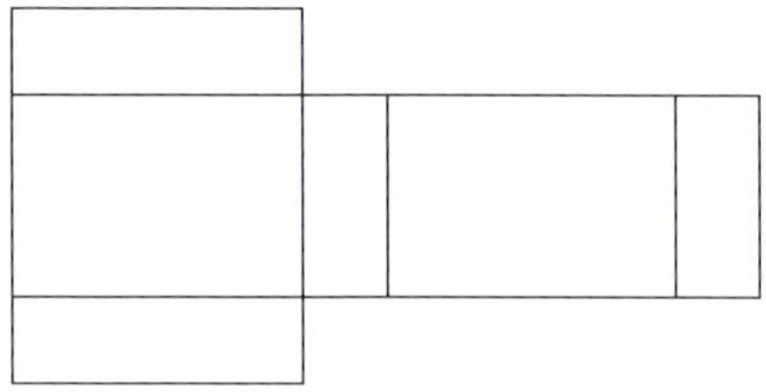

4 **Zeichne das Quadernetz zu Ende.**

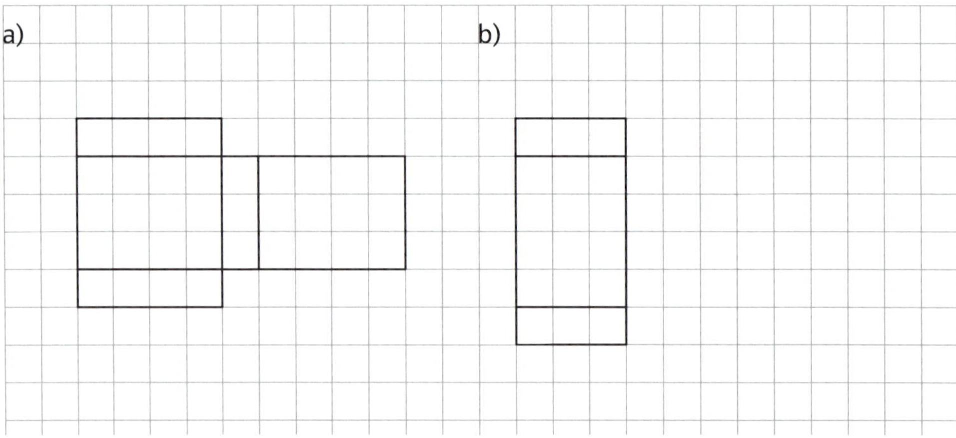

Merke dir

Würfel
Ein **Würfel** ist ein **besonderer Quader**.
Alle **Kanten a** sind beim Würfel **gleich lang**.
Hier siehst du auch das **Netz** eines Würfels.

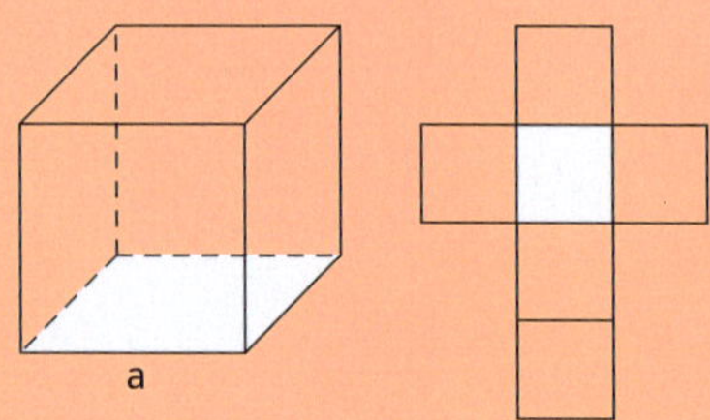

5 **Betrachte das abgebildete Würfelnetz im Merkkasten.**

a) Welche Form besitzen die einzelnen Teilflächen des Würfels?

b) Welche Teilflächen sind gleich groß?

c) Male gegenüberliegende Flächen in der gleichen Farbe an.

6 **Aus welchen Netzen lässt sich ein Würfel bauen?**

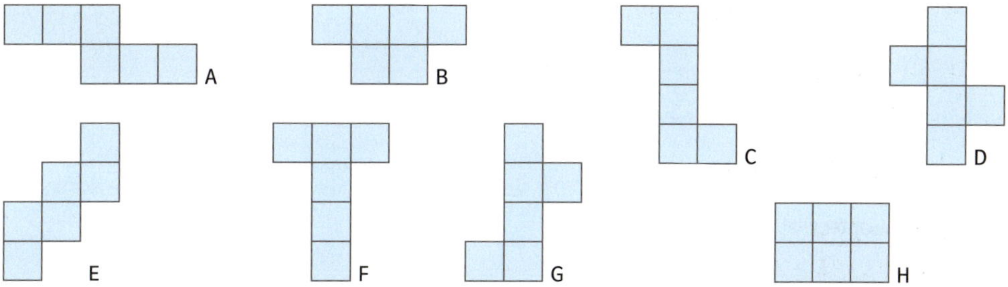

Merke dir

Prisma (mit dreieckiger Grundfläche)
Bei einem **Prisma** (mit dreieckiger Grundfläche) sind die beiden **Grundflächen Dreiecke**. Diese beiden **Grundflächen** liegen **parallel** zueinander und sind **gleich groß**.

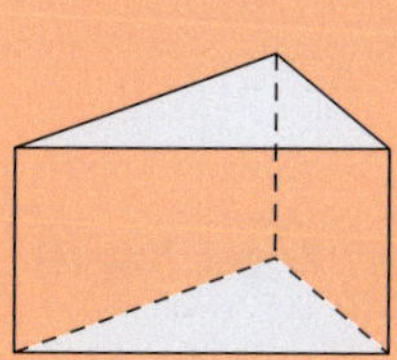

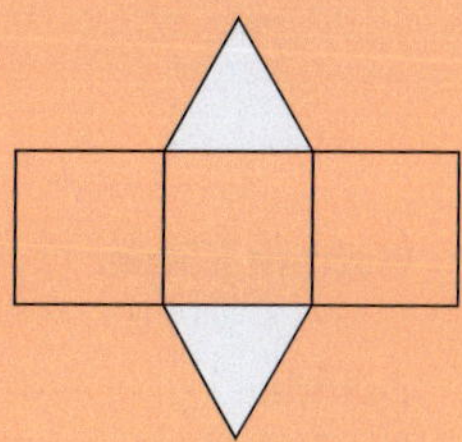

7 **Betrachte die beiden Darstellungen des Prismas im Merkkasten und beantworte die Fragen.**

a) Wie viele Flächen besitzt ein Prisma (mit dreieckiger Grundfläche)? ______________

b) Wie viele Kanten besitzt ein Prisma (mit dreieckiger Grundfläche)? ______________

c) Wie viele Ecken besitzt ein Prisma (mit dreieckiger Grundfläche)? ______________

Merke dir

Pyramide (mit quadratischer Grundfläche)
Die **Grundfläche** (blaue Fläche) der quadratischen Pyramide ist ein **Quadrat**.
Die Seitenfläche besteht aus **Dreiecken**, die in ihren Spitzen zusammentreffen.

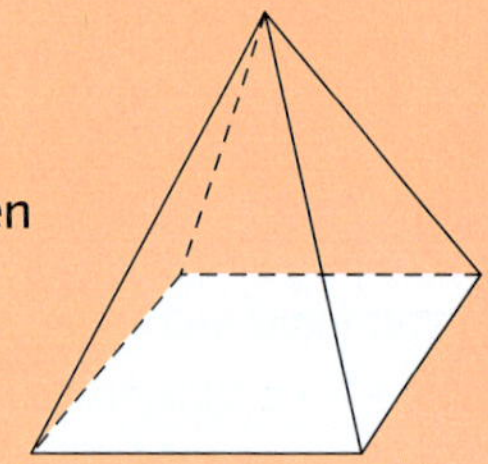

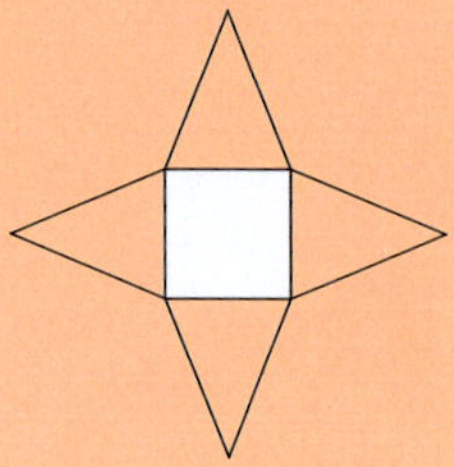

8 **Betrachte die beiden Darstellungen der quadratischen Pyramide im Merkkasten und beantworte die Fragen.**

a) Wie viele Flächen besitzt diese Pyramide?

b) Wie viele Kanten besitzt diese Pyramide?

c) Wie viele Ecken besitzt diese Pyramide?

Merke dir

Weitere Körper (Zylinder, Kegel, Kugel)

Zylinder
Ein **Zylinder** wird von **2 parallelen** und **gleich großen kreisförmigen Grundflächen** begrenzt. Seine Hülle besteht aus einer **Rechtecksfläche**.

Kegel
Der **Kegel** wird von **einer kreisförmigen Grundfläche** und einer **gekrümmten Seitenfläche** begrenzt.

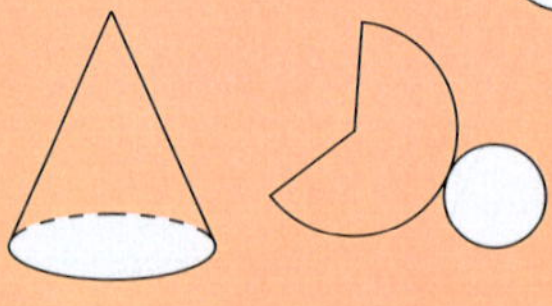

Kugel
Die **Kugel** ist eine gleichmäßig **gekrümmte Fläche**.

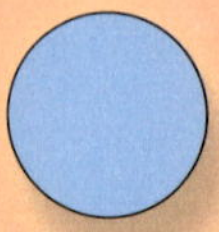

**Der Abschlusstest ist in drei verschiedene Themenbereiche untergliedert.
Du musst nur die Bereiche bearbeiten, in denen du vorher Schwierigkeiten hattest und bereits die Übungen dazu gelöst hast.**

Strecken, Geraden und Halbgeraden

1 Schreibe die passenden Buchstaben zu den einzelnen Begriffen.

Strecke: ______________________

Halbgerade: ______________________

Gerade: ______________________

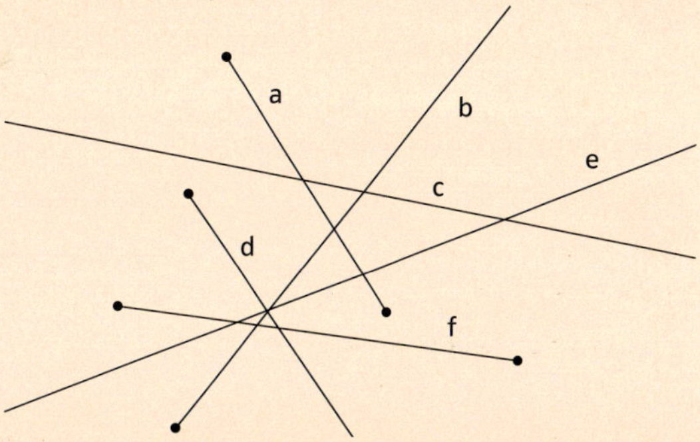

2 Nenne alle parallelen und alle senkrecht zueinander stehenden Geradenpaare.

senkrechte Paare ______________________

parallele Paare ______________________

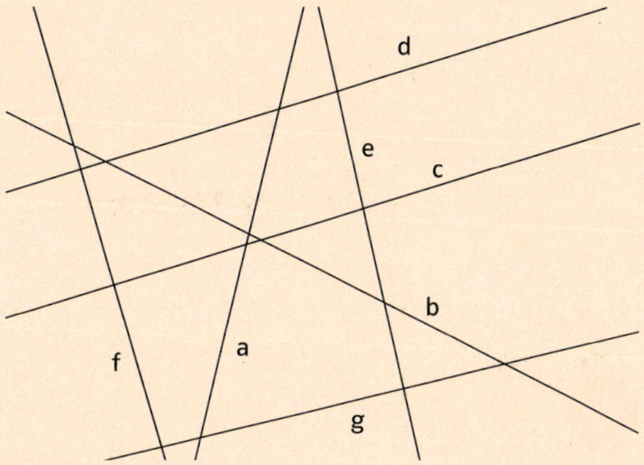

3 Konstruiere

a) zu a eine Senkrechte durch P.

b) zu a eine Parallele durch P.

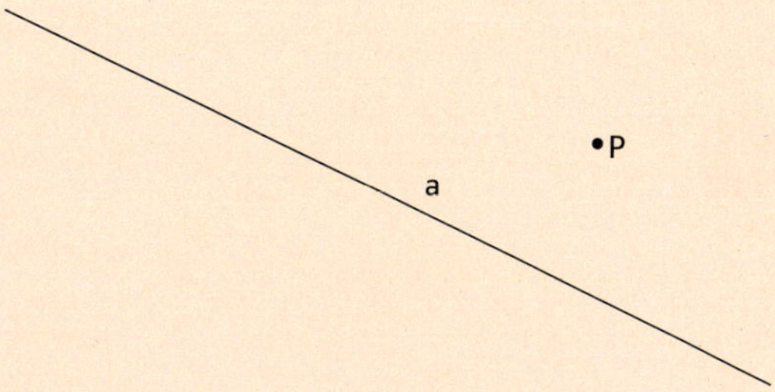

4 Zeichne folgende Punkte in ein Koordinatensystem (wähle als Einheit 1 cm):

a) A(1|2), B(4|4) und C(2|6)

b) Verbinde die Punkte A und B zu einer Strecke. Wie groß ist der Abstand von Punkt C zur gezeichneten Strecke $\overline{AB}$?

5 **Löse, ohne zu zeichnen.**

a) Die Gerade m ist parallel zur Geraden n. Die Gerade m steht senkrecht auf der Geraden o. Wie steht n zu o?

b) Es steht n senkrecht auf m, und o verläuft parallel zu m. Wie steht o zu n?

6 **Zeichne ein beliebiges Dreieck. Zeichne zu jeder Dreiecksseite durch den gegenüberliegenden Punkt eine Senkrechte. Was fällt dir auf?**

Eigenschaften von Figuren

7 **Schreibe neben den Begriff den Buchstaben der passenden Figur.**

Quadrat: ________

Rechteck: ________

Parallelogramm: ________

Raute: ________

Trapez: ________

Drachenviereck: ________

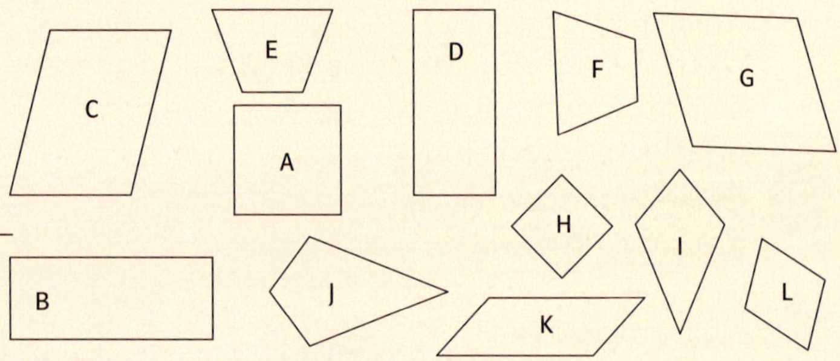

8 **Zeichne mit diesen Maßen die Figuren in dein Heft.**

a) Quadrat: a = 4 cm

b) Rechteck: a = 6 cm; b = 3 cm

c) Parallelogramm: a = 5 cm; b = 4,5 cm

d) Raute (kein Quadrat): a = 4,5 cm

9 **Überlege zu Aufgabe 8 c): Warum gibt es hier mehrere richtige Lösungen?**

10 **Schreibe jeweils den Namen der Figur zu diesen Eigenschaften auf. Manchmal sind auch mehrere Lösungen möglich.**

a) Meine 4 Seiten sind gleich lang und stehen senkrecht aufeinander. ____________

b) Gegenüberliegende Seiten sind parallel und gleich lang. ____________

c) Ich habe mindestens ein Paar parallel verlaufende Seiten. ____________

d) Zwei benachbarte Seiten sind gleich lang. ____________

e) Aneinanderstoßende Seiten sind gleich lang. ____________

11 **In dieser Figur ist ABCD ein Rechteck. DXCY ist eine Raute. Begründe, ohne nach zu messen: Die Strecken von D nach C und von X nach Y stehen senkrecht aufeinander.**

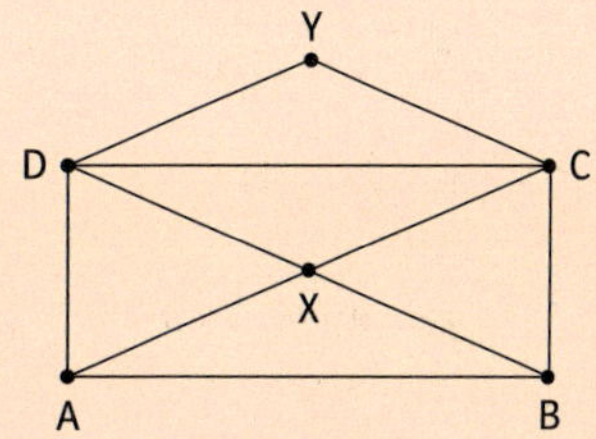

12 **Kreuze wahre Aussagen an.**

- ◯ Jedes Quadrat ist ein Parallelogramm.
- ◯ Jedes Parallelogramm ist ein Rechteck.
- ◯ Jede Raute ist ein Parallelogramm.
- ◯ Jedes Trapez ist ein Rechteck.
- ◯ Jedes Rechteck ist ein Trapez.

Eigenschaften und Netze von Körpern

13 **Ordne den Namen den passenden Körperbuchstaben zu.**

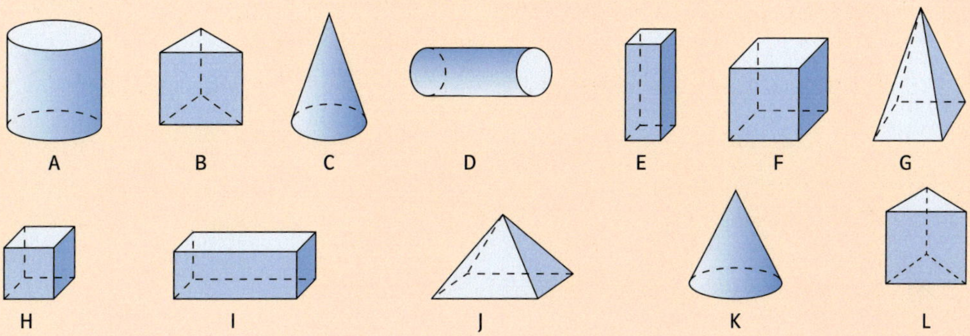

Quader: ________ Würfel: ________ Zylinder: ________ Kegel: ________

Prisma (dreieckige Grundfläche): ________ Pyramide (quadr. Grundfl.): ________

14 **Schreibe jeweils den Namen der Figur zu diesen Eigenschaften.**

a) Ich besitze 6 gleich große Flächen: ____________________

b) Ich besitze 12 Kanten. Nicht alle Flächen sind gleich groß: ____________________

c) Der Körper besitzt 8 Kanten und 5 Flächen: ____________________

d) Ich besitze 2 Flächen und eine Kante: ____________________

15 **Ordne durch Pfeile jeweils dem Körpernetz den richtigen Körpernamen zu.**

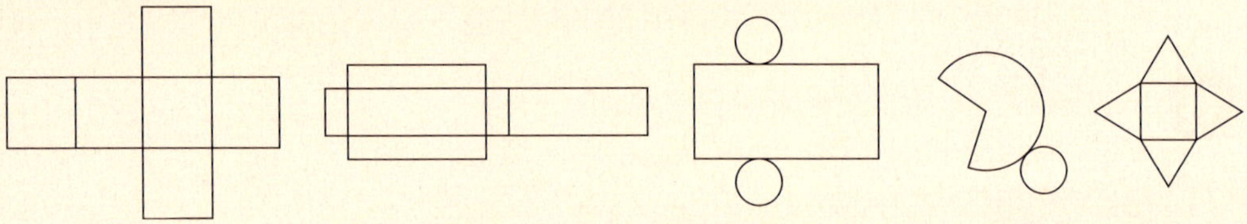

Pyramide Zylinder Würfel Quader Kegel

16 **Färbe gegenüberliegende Flächen in der gleichen Farbe.**

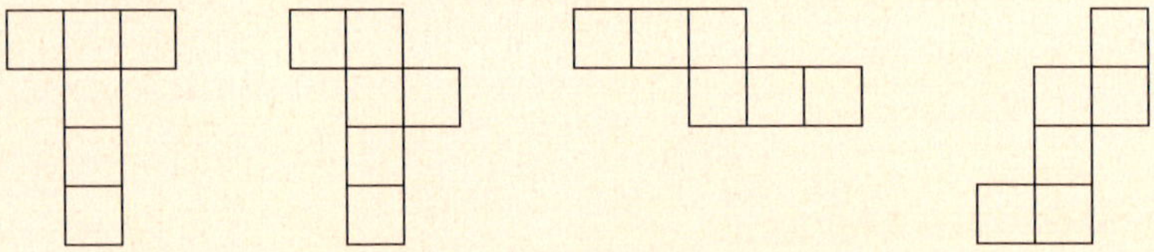

17 **Zeichne die dargestellten Quadernetze zu Ende.**

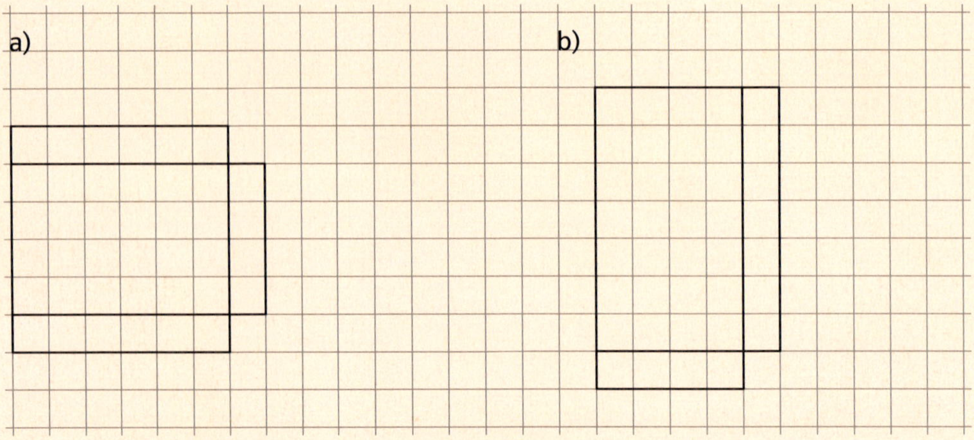

5 Ganze Zahlen

Auf positive und negative Zahlen wirst du in deinem Alltag immer wieder stoßen. Diese Zahlen lassen sich ordnen, man kann sie auf dem Zahlenstrahl darstellen und mit ihnen rechnen. Wenn dir dazu bisher wenig einfällt, ist dies kein Problem. In diesem Kapitel kannst du nämlich alles Wichtige zum Thema „Ganze Zahlen“ erfahren.

- Mach zuerst den Diagnosetest und vergleiche deine Antworten mit den Lösungen ab S. 154.
- Die Auswertungstabelle im Lösungsteil zeigt dir, was du schon gut kannst und was du noch üben solltest.
- Trainiere nach der Auswertung die Bereiche, in denen du noch Fehler gemacht hast. Genaue Seitenangaben findest du in der Tabelle.
- Mit dem Abschlusstest ab S. 113 findest du heraus, ob du richtig fit bist.

Darstellung und Zahlbeziehung

1 **Nenne drei Beispiele für**

a) ganze Zahlen ______________________________

b) ganze Zahlen, die keine natürlichen Zahlen sind ______________________________

2 **Welche Zahlen wurden auf dem Zahlenstrahl dargestellt? Schreibe die richtigen Zahlen in die Kästchen.**

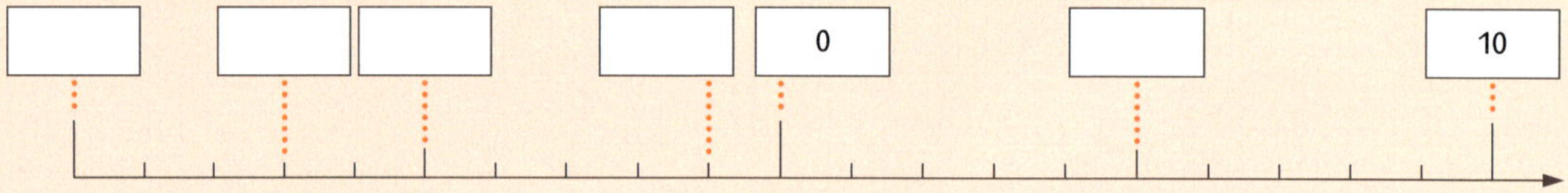

3 **Stelle folgende Zahlen auf einem Zahlenstrahl dar: −20; 0; 5; 10; 4; −8; −10; −15**

4 **Welche Zahl liegt genau zwischen**

a) 5 und 7? ____ b) −4 und −6? ____ c) 2 und −2? ____ d) 9 und −5? ____

e) −20 und 70? ____

5 **Ordne die Zahlen der Größe nach. Beginne mit der kleinsten Zahl.**

a) −3; 4; 7; −100; 12; 14; −18; −90 ______________________________

b) −25; −5; 10; 25; 15; 35; 0; −6 ______________________________

Koordinatensystem

6 **Schreibe die Werte der Eckpunkte der Figuren im Koordinatensystem in die Tabelle.**

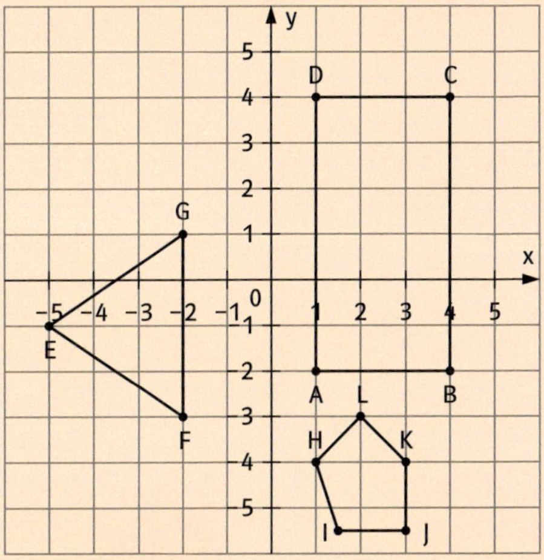

Punktname	A	B	C	D	E	F	G	H	I	J	K	L
Koordinaten												

7 **Welche Koordinatenwerte hat der Punkt P(−2 | 5), wenn er**

a) an der x-Achse gespiegelt wurde? ______________________

b) an der y-Achse gespiegelt wurde? ______________________

Ganze Zahlen addieren und subtrahieren

8 **Berechne.**

a) 14 − 15 = _____

b) −5 + 20 = _____

c) −8 − 7 = _____

d) 17 + 19 = _____

e) −37 + 20 = _____

9 **Berechne.**

a) −13 + −(15) = _____

b) 8 − (−10) = _____

c) +16 + (−9) = _____

d) +21 − (−9) = _____

e) −37 + (−20) = _____

10 **Ergänze.**

a) $14 + \underline{\qquad} = 0$ b) $21 + \underline{\qquad} = -42$ c) $-17 + \underline{\qquad} = -40$

Ganze Zahlen multiplizieren

11 **Berechne.**

a) $3 \cdot (-5) = \underline{\qquad}$ b) $(-11) \cdot (9) = \underline{\qquad}$

c) $(-9) \cdot (-12) = \underline{\qquad}$ d) $14 \cdot (11) = \underline{\qquad}$

12 **Sebastian besaß ursprünglich 70 € auf seinem Konto. Nun hebt er jeden Tag 8 € ab. Nach wie viel Tagen hat er 18 € Schulden auf seinem Konto?**

Ganze Zahlen dividieren

13 **Berechne.**

a) $12 : 3 = \underline{\qquad}$ b) $108 : (-12) = \underline{\qquad}$

c) $(-147) : 3 = \underline{\qquad}$ d) $(-156) : (-6) = \underline{\qquad}$

14 **Welche Zahl**

a) muss man durch 8 dividieren, um -3 zu erhalten? $\underline{\qquad\qquad}$

b) muss man mit -7 multiplizieren, um -63 zu erhalten? $\underline{\qquad\qquad}$

Die Testauswertung findest du in den Lösungen auf S. 155.

Darstellung und Zahlbeziehung

Merke dir

Für die Angabe von Temperaturen, Schulden oder z. B. auch Meerestiefen benötigst du die **negativen Zahlen**. Alle Zahlen kleiner als null bekommen ein **Minuszeichen**.

Beispiele: -4 -7 -9

Um die Zahlen besser voneinander zu unterscheiden zu können, setzt man vor **positive Zahlen** manchmal das Pluszeichen (+).

Beispiele: $+3$ $+7$ $+14$

Die Zeichen + und − nennt man in diesem Zusammenhang **Vorzeichen**. Sie sind hier keine Rechenzeichen.
Die Zahlen **−5; −7; 0; +8; +12** nennt man **ganze Zahlen**.

1 **Nenne**

a) 5 Beispiele für eine ganze Zahl.

b) 5 Beispiele für eine ganze negative Zahl.

2 **Welches Vorzeichen hat die 0?**

3 **Welche Menge hat mehr Elemente: die Menge der natürlichen Zahlen oder die Menge der ganzen Zahlen?**

Merke dir

Die **ganzen Zahlen** kann man auf der **Zahlengeraden** anordnen.

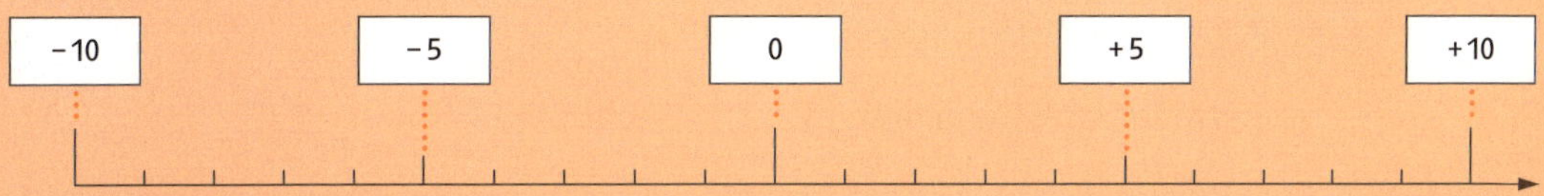

Von **links nach rechts** werden die Zahlen immer **größer**.
Beispiel: $-10 < -5 < 0 < +5 < +10$

4 **Wie heißen diese Zahlen auf dem Zahlenstrahl?**

a)

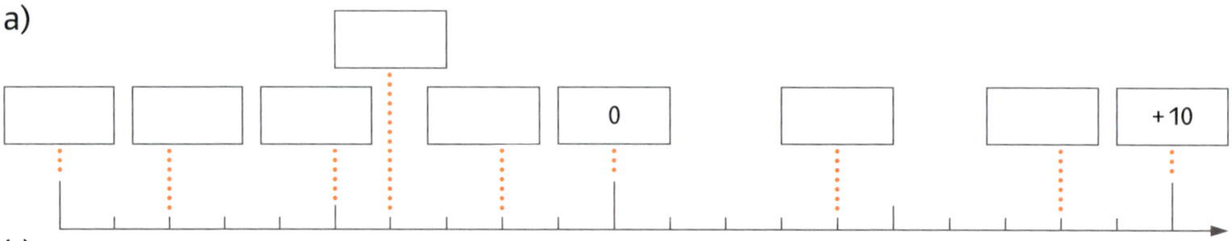

b)

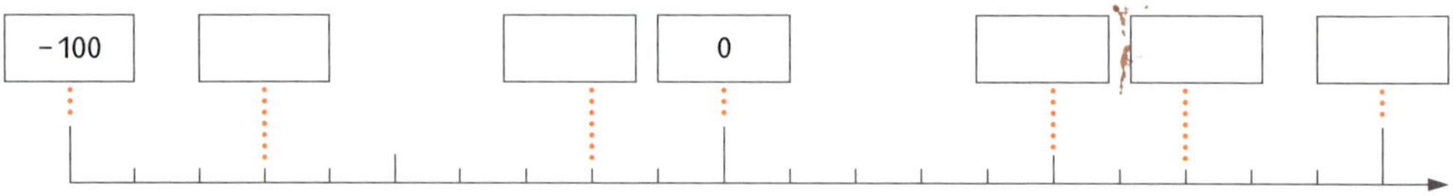

c)

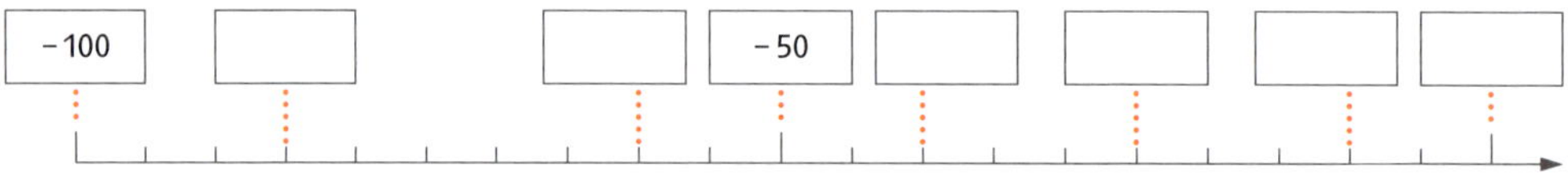

5 **Setze <, > oder = ein.**

a) −5 7 b) −19 −29 c) 1 −999 d) −1 0 e) −437 −473

6 **Sortiere der Größe nach. Beginne mit der kleinsten Zahl.**

a) −17; 25; 0; −26; 19; −14; −6; 12; 10; −999; 999

b) −437; −374; 437; 1; −1; −50; −250; 250; −145; −154; −149

7 **Welche Zahl liegt genau in der Mitte zwischen**

a) −5 und −7? b) −8 und 12? c) −137 und −111? d) 42 und −126?

8 **Sortiere die Ereignisse nach ihrem Alter. Beginne mit dem ältesten Ereignis.**

0: Geburt Jesu

51 v. Chr.: Beginn der Regierungszeit Kleopatras

776 v. Chr.: Erste Olympische Spiele

1618 n. Chr.: Beginn des 30-jährigen Kriegs

962 n. Chr.: Kaiserkrönung Ottos

751 v. Chr.: Gründung Roms

Koordinatensystem

Merke dir

Auch Punkte mit **negativen Koordinaten** können im Koordinatensystem eingetragen werden. Dazu wird die **x-Achse** nach **links** und die **y-Achse** nach **unten** verlängert.

Die erste Koordinate bezieht sich immer auf die x-Achse, die zweite Koordinate immer auf die y-Achse. Durch seine Koordinaten ist ein Punkt eindeutig bestimmt.

Beispiel: A(3 | −2)
(gelesen: Punkt A mit den Koordinaten 3 Stab −2)

Wie findest du diesen Punkt? Suche die 3 auf der x-Achse. 2 Einheiten nach unten parallel zur y-Achse liegt Punkt A.

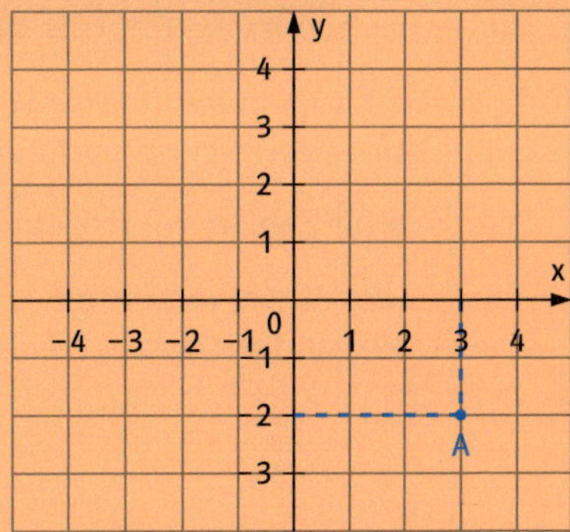

1 **Lies die Koordinaten der Punkte ab.**

____

____

____

____

____

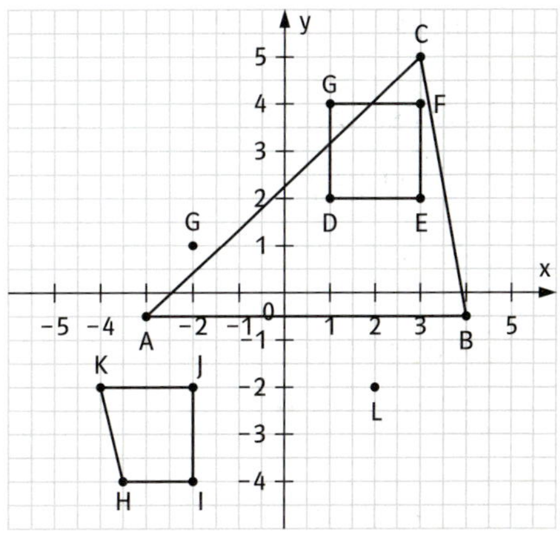

2 **Zeichne ein Koordinatensystem in dein Heft und trage folgende Punkte ein:**

A(−3 | −2) B(5 | −2) C(0 | −2) D(−4 | −4) E(−2 | 0) F(3 | 4)

3 **Die Punkte werden an der x-Achse gespiegelt. Wie heißen die neuen Koordinaten? Löse ohne zu zeichnen.**

a) A(−2 | 5) b) B(3 | 4) c) C(−3 | −4) d) D(0 | −7)

4 **Wie heißen die Koordinaten von Punkt D, sodass ein Rechteck entsteht?**

a) A(−2 | 1), B(3 | 1), C(3 | 5), D(_ | _) b) A(−3 | −2), B(−1 | −2), C(−1 | 4), D(_ | _)

Ganze Zahlen addieren und subtrahieren

Merke dir

Du kennst bereits die Begriffe **Vorzeichen** und **Rechenzeichen**.

Beispiele für **Zahlen** mit **positivem Vorzeichen (positive Zahlen)**: $+3$; $+8$; $+9$; $+10$
Ein **positives Vorzeichen** darfst du auch **weglassen**, man muss es nicht notieren: 3; 8; 9; 10

Beispiele für **Zahlen** mit **negativem Vorzeichen** (negative Zahlen): -3; -8; -9; -10

Aber du darfst die **Vorzeichen** nicht mit den **Rechenzeichen** verwechseln.
Im Beispiel sind die Vorzeichen blau:

$3 + (-5)$; $-4 + 5$; $3 - 7$; $-4 + 5$

1 **Umkreise hier die Rechenzeichen.**

a) $3 + (-7)$ b) $-6 + 3$ c) $-7 + (-8)$ d) $9 - 5$ e) $-14 + (-7)$

2 **Umkreise nun die positiven Zahlen.**

a) $(-4) + 6$ b) $4 + 6$ c) $(-7) + (-8)$ d) $-4 + 6$ e) $(-4) + (-6)$

Merke dir

Wenn man ganze Zahlen addiert oder subtrahiert, unterscheidet man zwei Fälle:

A) Eine **positive Zahl** wird **addiert** oder **subtrahiert**.
Beispiel: $3 + 4$; $8 - 7$; $-8 + 5$; $-7 - 9$

B) Eine **negative Zahl** wird **addiert** oder **subtrahiert**.
Beispiel: $8 + (-5)$; $8 - (-4)$; $-7 + (-5)$; $-8 - (-7)$

3 **Notiere für jede Aufgabe ein A, wenn es sich um Fall A bzw. ein B, wenn es sich um Fall B handelt. Das Ergebnis der Aufgabe spielt hier keine Rolle.**

a) $3 + (-7)$, Fall ___ b) $4 - 5$, Fall ___ c) $-4 + (-5)$, Fall ___ d) $-3 - 7$, Fall ___

Merke dir

Wir betrachten zunächst **Fall A**: Eine **positive Zahl** wird **addiert** oder **subtrahiert**.

Dafür gibt es **zwei Regeln**:

1. **Addieren** einer **positiven Zahl**:
   Man geht **auf der Zahlengerade nach rechts.**
   Beispiel: $-5 + 3 = -2$
   (von −5 geht man 3 Schritte nach rechts)

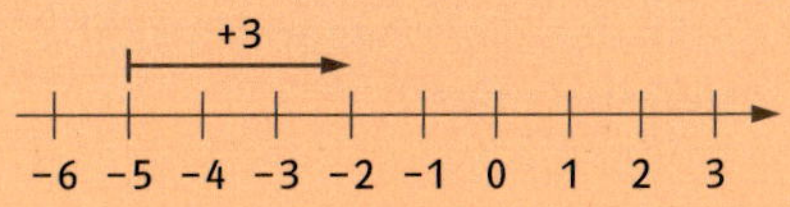

2. **Subtrahieren** einer **positiven Zahl**:
   Man geht **auf der Zahlengerade nach links.**
   Beispiel: $6 - 7 = -1$
   (von +6 geht man 7 Einheiten nach links)

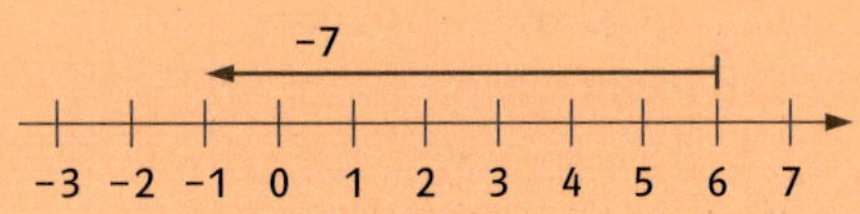

4 **Berechne.**

a) $-8 + 5$ b) $12 - 14$ c) $-2 + 7$ d) $-3 - 7$ e) $-8 - 5$

f) $-30 - 40$ g) $5 - 27$ h) $-17 - 20$ i) $20 - 69$ j) $-18 + 16$

k) $-101 - 202$ l) $230 - 117$ m) $-30 + 31$ n) $-147 - 203$ o) $108 - 256$

5 **Ergänze die fehlende Zahl.**

a) $-7 +$ ____ $= -14$ b) ____ $+ 25 = -50$ c) $125 -$ ____ $= -231$ d) ____ $- 36 = -40$

6 **Peter hat 250 € auf seinem Konto. Er hebt 347 € ab.**
Wie lautet sein neuer Kontostand?

Merke dir

Gegenzahlen liegen auf der Zahlengerade **gleich weit vom Nullpunkt entfernt.**

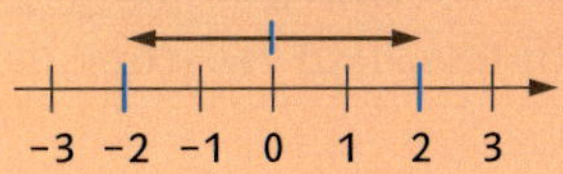

Beispiel: Die Gegenzahl von −2 ist +2.

7 **Notiere die entsprechende Gegenzahl.**

a) -3 b) $+5$ c) -10 d) 0 e) 99

Merke dir

Wir betrachten jetzt **Fall B**: Eine **negative Zahl** wird **addiert** oder **subtrahiert**.

Dafür gibt es **zwei Regeln**:

1. **Addieren** einer **negativen Zahl**: Man **addiert** eine **negative Zahl**, in dem man **mit der Gegenzahl subtrahiert**.
   Beispiel: $-5 + (-3) = -5 - 3 = -8$
2. **Subtrahieren** einer **negativen Zahl**: Man **subtrahiert** eine **negative Zahl**, in dem man **mit der Gegenzahl addiert**.
   Beispiel: $5 - (-9) = 5 + 9 = 14$

8 **Schreibe zunächst die Aufgabe mit der Gegenzahl und berechne anschließend.**

a) $-8 + (-5)$ b) $18 - (-12)$ c) $-8 + (-9)$ d) $-12 - (-12)$ e) $14 + (-8)$

f) $27 - (-13)$ g) $85 - (-24)$ h) $-105 + (-29)$ i) $-72 - (-80)$ j) $127 + (-138)$

9 **Ergänze die fehlende Zahl.**

a) $124 + \_\_\_\_ = 99$ b) $-37 - \_\_\_\_ = 10$ c) $\_\_\_\_ + (-85) = -14$ d) $\_\_\_\_ - (-27) = 134$

10 **Berechne und notiere das Ergebnis in die Pyramidensteine.**

a)

2			
−3	5	−7	0

b)

−10	−5	7	−6
−5			

11 **Im Laufe eines Tages hat sich die Luft zunächst um 7 °C abgekühlt. Anschließend stieg sie wieder um 5 °C bezüglich der eigentlichen Ausgangstemperatur. Wie groß war der Temperaturunterschied zwischen den beiden Veränderungen?**

12 **Die Wasseroberfläche des Baikalsees liegt 455 m über der Meereshöhe. Der tiefste Punkt des Sees liegt 1165 m unter dem Meeresspiegel. Wie tief ist der See?**

13 **Ergänze die fehlenden Rechenzeichen.**

a) −6 4 19 = 17 b) 10 − 15 − 12 = 13 c) −20 − 11 − 105 = 74

Ganze Zahlen multiplizieren

Merke dir

Ganze Zahlen werden wie natürliche Zahlen multipliziert.

Für das Setzen des Vorzeichens müssen folgende Regeln beachtet werden:

1. Plus (+) mal plus (+) ergibt plus (+). Beispiel: $5 \cdot 7 = 35$
2. Minus (−) mal minus (−) ergibt plus (+). Beispiel: $(-5) \cdot (-7) = 35$
3. Plus (+) mal minus (−) ergibt minus (−). Beispiel: $5 \cdot (-7) = -35$
4. Minus (−) mal plus (+) ergibt minus (−). Beispiel: $(-5) \cdot (7) = -35$

1 **Berechne.**

a) $-7 \cdot 5$ b) $9 \cdot (-4)$ c) $7 \cdot 8$ d) $-8 \cdot 9$ e) $-9 \cdot (-7)$

f) $4 \cdot (-7)$ g) $-12 \cdot (-8)$ h) $-15 \cdot 6$ i) $-20 \cdot (-20)$ j) $14 \cdot (-11)$

2 **Berechne diese Zahlenmauern. In jedem Stein steht das Produkt der beiden unteren Steine.**

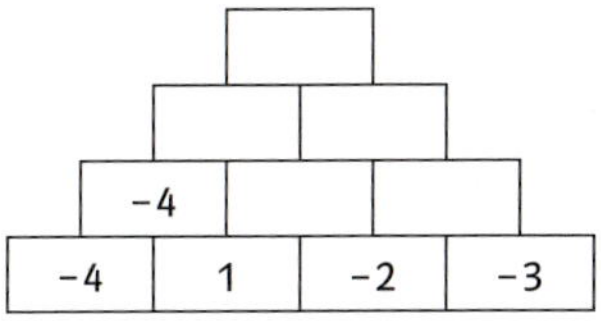

3 **Betrachte die Zahlenmauer aus Aufgabe 2. Wie müssen die 4 unteren Zahlen vom Vorzeichen her gewählt werden, damit beim obersten Stein ein positives Ergebnis erscheint? Notiere alle Fälle.**

4 **Yannik hat auf seinem Konto ein Soll (d.h. einen Minusbetrag) von 98 €. Er beabsichtigt, sich eine PC-Konsole für 120 € zu kaufen. Er spart im Monat 15 €. Wie lange dauert es, bis er den Betrag auf seinem Konto hat?**

Ganze Zahlen dividieren

Merke dir

Ganze Zahlen werden wie natürliche Zahlen dividiert.

Für das Setzen des Vorzeichens müssen folgende Regeln beachtet werden:

1. Plus (+) geteilt durch plus (+) ergibt plus (+). Beispiel: $8 : 4 = 2$
2. Minus (−) geteilt durch minus (−) ergibt plus (+). Beispiel: $(-8) : (-4) = 2$
3. Plus (+) geteilt durch minus (−) ergibt minus (−). Beispiel: $8 : (-4) = -2$

4: Minus (−) geteilt durch plus (+) ergibt minus (−). Beispiel: $(-8) : 2 = -4$

1 Berechne.

a) $-20 : 4$ b) $64 : (-4)$ c) $-48 : (-8)$ d) $-36 : (-6)$ e) $56 : 7$

f) $126 : (-14)$ g) $-400 : (-20)$ h) $144 : (-12)$ i) $(-260) : 13$ j) $(-289) : (-17)$

2 Ergänze die fehlende Zahl.

a) $(-30) :$ ____ $= 5$ b) ____ $: -7 = -12$ c) ____ $: -13 = 5$ d) $156 :$ ____ $= -13$

3 Welche Zahl muss man

a) durch 8 dividieren, um −3 zu erhalten?

b) durch −12 dividieren, um −6 zu erhalten?

Der Abschlusstest ist in fünf verschiedene Themenbereiche untergliedert.
Du musst nur die Bereiche bearbeiten, in denen du vorher Schwierigkeiten hattest und bereits die Übungen dazu gelöst hast.

Darstellung und Zahlbeziehung

1 **Nenne drei Beispiele**

a) für eine positive ganze Zahl ______________________________

b) für eine negative ganze Zahl ______________________________

2 **Kreuze wahre Aussagen an.**

- ◯ Positive Vorzeichen müssen nicht notiert werden.
- ◯ Jede ganze Zahl ist auch eine natürliche Zahl.
- ◯ Die Menge der negativen Zahlen ist kleiner als die Menge der ganzen Zahlen.

3 **Wie heißen die Zahlen auf dem Zahlenstrahl?**

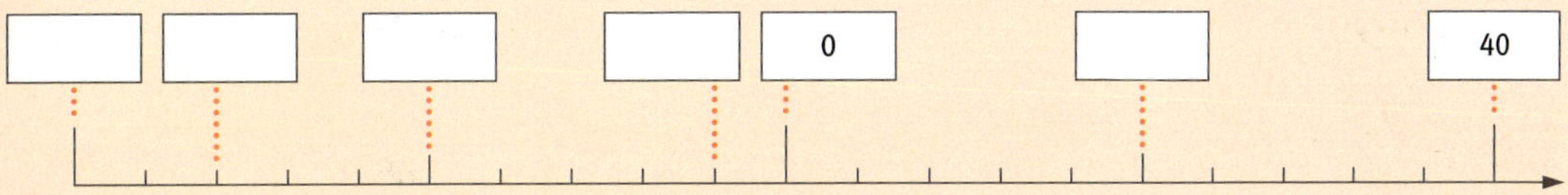

4 **Vervollständige folgenden Satz:**

Je weiter man auf dem Zahlenstrahl nach links kommt, desto ______________________

____.

5 **Welche Zahl liegt auf dem Zahlenstrahl genau in der Mitte zwischen**

a) −10 und 0? b) −37 und −9? c) −28 und 46?

6 **Sortiere die Zahlen. Beginne mit der kleinsten.**

a) 12; −5; −37; 21; 19; −18; 0; −19; 17 ______________________

b) −144; −257; −275; 0; −112; −121; 121 ______________________

7 **Was stimmt? <, > oder =?**

a) −25 ☐ 1   b) −36 ☐ −47   c) 1 ☐ −99999   d) −147 ☐ −174

Koordinatensystem

8 **Schreibe jeweils den Namen des Punktes vor seine Koordinaten.**

____ (−5 | −3)   ____ (−2 | 1)

____ (−4 | −4)   ____ (5 | −2)

____ (4 | 2)   ____ (−3 | 0)

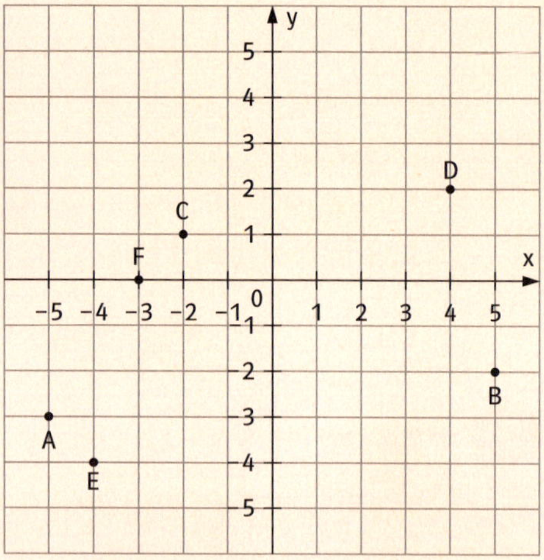

9 **Ein Dreieck hat folgende Koordinaten:**

A (−4 | 2), B (5 | −2) und C (0 | 4).

a) Zeichne das Dreieck in ein Koordinatensystem.

b) Spiegele das Dreieck an der y-Achse.

c) Schreibe die neuen Koordinaten der drei Spiegelpunkte A′, B′ und C′ auf.

10 **Wie müssen die Koordinaten von D gewählt werden, damit ein Quadrat entsteht?**

a) A (−2 | 2), B (−1 | 2), C (−1 | 3), D (___ | ___)   b) A (−3 | −1), B (0 | −1), C (0 | −5), D (___ | ___)

Ganze Zahlen addieren und subtrahieren

11 **Berechne.**

a) −7 + 6   b) 19 − 25   c) −10 + 9   d) −23 − 14   e) 14 + 29

f) 15 + (−9)   g) −20 + (−10)   h) 25 − (−17)   i) −38 + (−13)   j) −22 − 14

12 **Ergänze jeweils die fehlende Zahl.**

a) −25 + ____ = −2   b) −28 − ____ = 30   c) ____ − (+30) = −27   d) ____ − (−45) = −91

13 **Welches Rechenzeichen passt?**

a) −10 ☐ − 8 = −18

b) 5 ☐ − 10 = 15

c) −23 ☐ 7 ☐ − 6 = −10

d) 7 ☐ − 10 ☐ −8 = −11

14 **Fülle die Lücken in der Tabelle aus.**

Kontostand alt	25 €	− 147 €	− 157 €	
Einzahlung/Auszahlung	− 30 €	+ 49 €	− 63 €	− 28 €
Kontostand neu				− 73 €

Ganze Zahlen multiplizieren

15 **Berechne.**

•	−4	−5	7
−1			
4			
−6			

16 **Ergänze jeweils die fehlende Zahl.**

a) 3 · ____ = −48 b) −3 · ____ = 27 c) ____ · (−4) = −64 d) 3 · (−2) · ____ = 18

17 **Um 8 Uhr morgens betrug die Temperatur auf der Zugspitze −4 °C. Anschließend fiel die Temperatur stündlich um 2 °C. Wie kalt war es nach 5 Stunden?**

Ganze Zahlen dividieren

18 **Berechne.**

:	−48	100	−72
2			
−4			
−6			

19 Berechne.

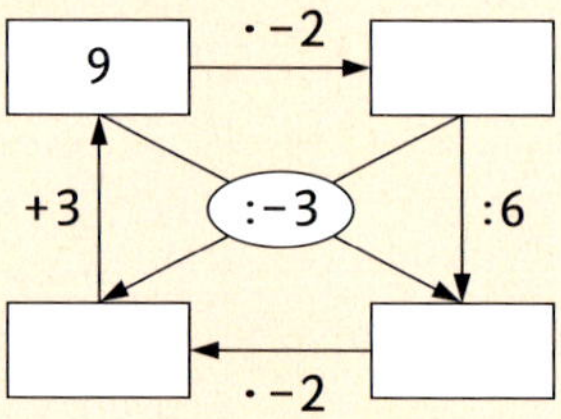

20 Du findest hier eine Auswahl an Zahlen. Schreibe sie an die richtige Stelle im Operatorschema.

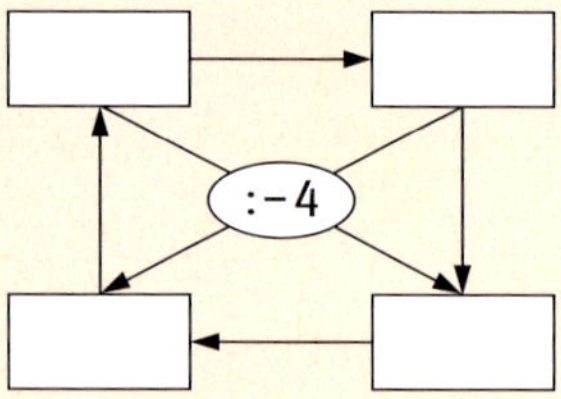

12   : (−8)   24   −48

−96   · (−2)   · 2   · 2

Lösungen

Diagnosetest Seite 6 – 7

Große Zahlen

1 **Für jede richtige Zahl bzw. jeden richtigen Eintrag 0,5 Punkte:**

Milliarden			Millionen			Tausender			Einer			
H	Z	E	H	Z	E	H	Z	E	H	Z	E	Zahl
	5	9	0	7	0	0	0	0	0	0	0	59 070 000 000
4	0	0	7	3	4	4	9	1	2	0	4	400 734 491 204
8	4	0	9	0	0	0	1	0	0	0	7	840 900 010 007

Milliarden			Millionen			Tausender			Einer			
H	Z	E	H	Z	E	H	Z	E	H	Z	E	Zahl
4	2	5	3	9	6	4	8	7	1	4	2	425 396 487 142
						3	6	7	0	0	0	367 000
5	8	7	0	0	0	0	0	0	0	0	0	587 000 000 000
6	0	0	0	0	0	5	0	0	5	0	0	600 Mrd. 5 HT 5 H
1	1	7	0	7	0	0	0	0	0	0	0	117 Mrd. 70 Mill.

2 **Für jede Teilaufgabe 2 Punkte:**

a) 447 340 200

b) 20 193 000 000 000

Darstellung von Zahlen

3 **Für jede richtige Zahl 1 Punkt:**

140 000, 200 000, 280 000, 350 000, 410 000

4 **Für jede richtig zugeordnete Zahl 1 Punkt:**

5 **Für jede richtige Anzahl 1 Punkt:**

0 – 4 Jahre: 3 500 000; 5 – 9 Jahre: 3 900 000; 10 – 14 Jahre: 4 000 000; 15 – 19 Jahre: 4 800 000

Runden von Zahlen

6 **Für jede richtig gerundete Zahl bzw. jede richtige Zuordnung 1 Punkt:**

a) 47 500

b) 58 000

c) 400 000

d) 390 000

7 **Für die richtige Unter- und Obergrenze je 1 Punkt:**

zwischen 45 000 und 54 999 Zuschauern

Zahlsysteme

8 **Für jede richtige Umwandlung je 1 Punkt:**
a) 7 b) 10 c) 101 d) 293

9 **Für jede richtige Umwandlung je 1 Punkt:**
a) $(1001)_2$ b) $(11011)_2$ c) $(1000110)_2$ d) $(10011100)_2$
e) $(11111010)_2$ f) $(10011011000)_2$

Teiler, Vielfache, Primzahlen, ggT und kgV

10 **Für jede richtige Teiler- und Vielfachmenge je 0,5 Punkte:**
a) $T_8 = \{1, 2, 4, 8\}$
b) $T_{36} = \{1, 2, 3, 4, 6, 9, 12, 18, 36\}$
c) $T_{100} = \{1, 2, 4, 5, 10, 20, 25, 50, 100\}$
d) $T_{50} = \{1, 2, 5, 10, 25, 50\}$
e) $V_4 = \{4, 8, 12, 16, 20, 24, 28, 32, 36, 40 \ldots\}$
f) $V_{12} = \{12, 24, 36, 48, 60, 72, 84, 96, 108, 120 \ldots\}$

11 **Für jede richtig angekreuzte Aussage 1 Punkt:**
a), c), e) sind wahre Aussagen.

12 **Für jede richtige Bedingung 1 Punkt (insgesamt 2 Punkte):**
Eine Zahl ist eine Primzahl, wenn sie nur durch 1 und durch sich selbst ohne Rest geteilt werden kann.

13 **Für jede Teilaufgabe 1 Punkt:**
a) ggT = 4 b) ggT = 2 c) kgV = 20 d) kgV = 150

14 **Für die richtige Lösung und die richtige Begründung je 1 Punkt:**
Die Fugen treffen alle 80 cm aufeinander, denn kgV (16; 20) = 80

Wie viele Punkte hast du bei jeder Aufgabe erreicht? Zähle deine Punkte in jedem Bereich zusammen und trage sie in der Tabelle unter „dein Punktwert" ein. Vergleiche diesen mit dem kritischen Punktwert. Liegt dein Ergebnis darunter? Dann solltest du diesen Bereich ab der angegebenen Seite gezielt trainieren.

Bereich	Aufgabe	Gesamtpunktzahl	dein Punktwert	kritischer Punktwert	Trainiere ab
Große Zahlen	**1–2**	8		6	Seite 8
Darstellung von Zahlen	**3–5**	13		10	Seite 10
Runden von Zahlen	**6–7**	6		5	Seite 12
Zahlsysteme	**8–9**	10		8	Seite 14
Teiler, Vielfache, Primzahlen, ggT, kgV	**10–14**	14		11	Seite 16

Übungsteil ab Seite 8

Große Zahlen

1

15.	14.	13.	12.	11.	10.	9.	8.	7.	6.	5.	4.	3.	2.	1.
Billionen			Milliarden			Millionen			Tausender			Einer		
H	Z	E	H	Z	E	H	Z	E	H	Z	E	H	Z	E

2 a) 6 051 401 002 b) 1 005 221 007 125 c) 35 600 425 145
d) 25 090 606 035 607 e) 200 250 708 351 400 f) 50 060 540 012 500

3

	15.	14.	13.	12.	11.	10.	9.	8.	7.	6.	5.	4.	3.	2.	1.
	Billionen			Milliarden			Millionen			Tausender			Einer		
a)	H	Z	E	H	Z	E	H	Z	E	H	Z	E	H	Z	E
b)	6	0	0	7	0	0	0	0	8	0	4	0	3	0	0
c)					7	3	7	0	3	3	0	0	0	5	0
d)				3	7	0	0	1	5	0	0	0	3	7	0
e)					1	2	4	2	1	0	9	3	0	0	0
f)				3	0	3	1	5	0	9	1	3	2	7	7

4 a) 99 999 b) 9 999 999 999 c) 1 000 000 000 000 d) mit 11 Nullen

5 a) 7389, 7390, 7391, 7392 b) 82 034, 82 035, 82 036, 82 037 c) 402 980, 402 981, 402 982, 402 983

Darstellung von Zahlen

1 a) 400 000 000, 600 000 000, 800 000 000 b) 18 000 000 000, 33 000 000 000, 52 000 000 000
c) 410 000 000, 550 000 000, 690 000 000, 820 000 000, 980 000 000

2

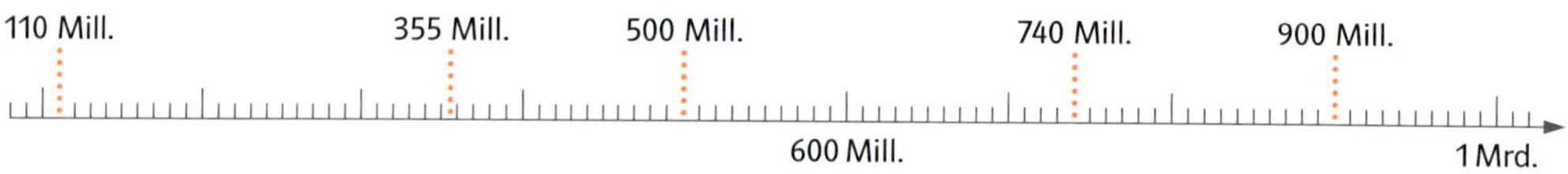

3 a) 75 000 b) 3 450 250

4 12 637 ← 5655 Zahlen liegen dazwischen → 18 293

5

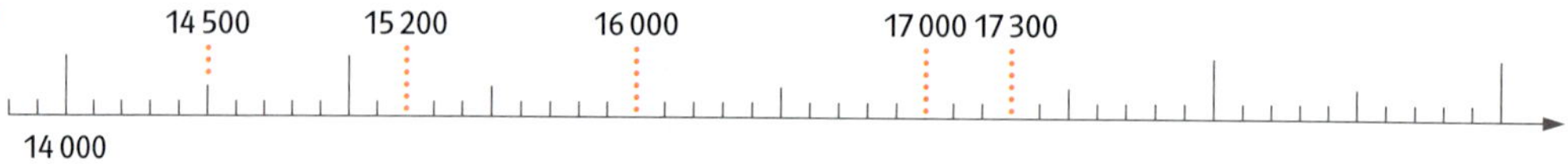

6

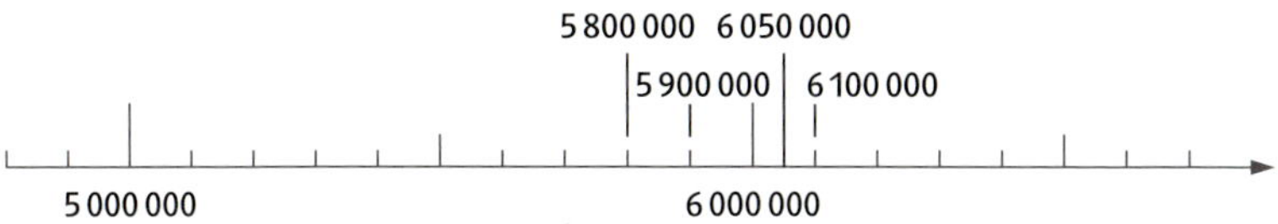

5 800 000 < 5 900 000 < 6 000 000 < 6 050 000 < 6 100 000

7 Michelnau: 1350 Schüler; Auwiese: 800 Schüler; Krötenburg: 1750 Schüler

Runden von Zahlen

1 Bei den Ziffern 0, 1, 2, 3 und 4 wird abgerundet. Bei den Ziffern 5, 6, 7, 8 und 9 wird aufgerundet.

2 b) 200 c) 470 d) 360 e) 350 f) 38 290 g) 39 830 h) 8890 i) 37 200

3 b) 3000 c) 84 000 d) 38 000 e) 28 000 f) 29 000 g) 100 000 h) 39 000

4 b) Tausender c) Hunderter d) Tausender

5 b) 2938 € c) 29 383 € d) 2932 € e) 38 491 € f) 99 383 €

6 a) 9 cm; 120 km; 703 cm b) 606 kg; 10 kg; 500 kg c) 839 €; 10 €; 3830 €

7

	Mill.	HT	ZT	H
3 829 382	4 000 000	3 800 000	3 830 000	3 829 400
4 907 327	5 000 000	4 900 000	4 910 000	4 907 300
5 493 992	5 000 000	5 500 000	5 490 000	5 494 000
22 038 478	22 000 000	22 000 000	22 040 000	22 038 500

8

Stadt	Einwohner
Dresden	510 000
Bremen	550 000
Stuttgart	600 000
Hannover	520 000
Leipzig	510 000

9 a) x = 5 bis 9 b) x = 0 bis 9 c) x = 0 bis 4 d) x = 5 bis 9

Zahlsysteme

1 a) 14 b) 31 c) 30 d) 115
e) 127 f) 217 g) 131 h) 397

2

Vorgänger im Zweiersystem	Zahl im Zweiersystem	Nachfolger im Zweiersystem
1101	1110	**1111**
110	111	**1000**
11101	**11110**	**11111**
11000	**11001**	11010

3 a) $(100\,001)_2$ b) $(10\,100)_2$ c) $(101\,101)_2$ d) $(110\,010)_2$ e) $(1\,000\,110)_2$ f) $(1\,011\,001)_2$ g) $(1\,111\,101)_2$ h) $(100\,000\,100)_2$

4 a) 0, 1, 2 b) 0, 1, 2, 3 c) 0, 1, 2, 3, 4

5 a) 48 b) 52 c) 993 d) 585

6 $(1\,100\,100)_2$ $(11\,001\,000)_2$ $(100\,101\,100)_2$ $(110\,010\,000)_2$ $(111\,110\,100)_2$

7 a) $(40\,020)_5$ b) $(2\,100\,100)_3$ c) $(1010)_3$ d) $(101)_9$

Teiler, Vielfache, Primzahlen, ggT und kgV

1 a) w b) f c) w d) w e) f f) w g) w h) w
i) f j) w k) f l) w m) f n) w o) w p) f

2 Die Einnahmen vom 26.07. und vom 27.07. können nicht stimmen, da sich die beiden Zahlen nicht durch 6 ohne Rest teilen lassen.

3 Eine Zahl ist durch 25 teilbar, wenn die letzten beiden Ziffern „00", „25", „50" oder „75" sind. Eine Zahl ist durch 4 teilbar, wenn die letzten beiden Ziffern durch 4 teilbar sind. Bei den oberen 4 Ziffernpaaren der 25 ist lediglich „00" (also 100, 1000 …) durch 4 teilbar. Dies sind alles Zehnerzahlen (Zehnerpotenzen) und daher immer auch durch 100 teilbar.

4 a) $T_{10} = \{1, 2, 5, 10\}$ b) $T_{40} = \{1, 2, 4, 5, 8, 10, 20, 40\}$ c) $T_{80} = \{1, 2, 4, 5, 8, 10, 16, 20, 80\}$
d) $T_{100} = \{1, 2, 4, 5, 10, 20, 25, 50, 100\}$ e) $T_{200} = \{1, 2, 4, 5, 8, 10, 20, 25, 40, 50, 100, 200\}$

5 2 Reihen: $2 \cdot 15$, 3 Reihen: $3 \cdot 10$, 5 Reihen: $5 \cdot 6$, 6 Reihen: $6 \cdot 5$, 10 Reihen: $10 \cdot 3$, 15 Reihen: $15 \cdot 2$; 30 Reihen: $30 \cdot 1$

6 a) $V_{10} = \{10, 20, 30, 40, 50, 60, 70 \ldots\}$ b) $V_9 = \{9, 18, 27, 36, 45, 54, 63 \ldots\}$
c) $V_{12} = \{12, 24, 36, 48, 60, 72, 84 \ldots\}$ d) $V_{17} = \{17, 34, 51, 68, 85, 102, 119 \ldots\}$
e) $V_{26} = \{26, 52, 78, 104, 130, 156, 182 \ldots\}$

7 2, 3, 5, 7, 11, 13, 17, 19, 23, 29, 31, 37, 41, 43, 47, 53, 59, 61, 67, 71, 73, 79, 83, 89, 97

8 a) 4 b) 2 c) 11 d) 15

9 a) 30 b) 16 c) 91 d) 60

10 Nach 24 Minuten fahren wieder gleichzeitig ein Bus und ein Zug ab.

Abschlusstest Seite 18 – 20

Große Zahlen

1 **Für jede richtig eingetragene Zahl 1 Punkt:**

Billionen			Milliarden			Millionen			Tausender			Einer		
H	Z	E	H	Z	E	H	Z	E	H	Z	E	H	Z	E
					8	3	8	2	9	2	0	3	8	4
						3	8	4	9	2	8	3	4	2
7	0	0	4	0	0	0	0	0	7	0	0	0	0	1
		1	3	0	0	2	9	3	1	7	0	0	9	9

2 **Für jede richtige Zahl 1 Punkt:**
a) 300 000 099 000 b) 400 000 640 000 093

3 **Für jede richtige Teilaufgabe 1 Punkt:**
a) 88 340, 88 341, 88 342 b) 928 399, 928 400, 928 401

Darstellung von Zahlen

4 **Für jede richtig zugeordnete Zahl 1 Punkt:**
610 000 000, 750 000 000, 890 000 000, 1 010 000 000, 1 180 000 000

5 **Für jede richtig zugeordnete Zahl 1 Punkt:**

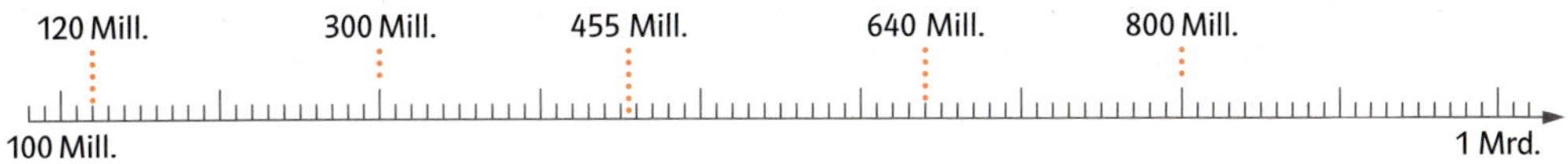

6 **Für jede richtige Anzahl 1 Punkt:**
2007: 1600 Beschwerden; 2008: 2100 Beschwerden; 2009: 3100 Beschwerden

Runden von Zahlen

7 **Für jede richtig gerundete Zahl 1 Punkt:**
a) 38 000 b) 84 900 c) 500 000 d) 490 000

8 **Für die richtige Unter- und Obergrenze je 1 Punkt:**
zwischen 645 000 und 654 999 Einwohner

9 **Für die richtige Überlegung 1 Punkt und die richtige Rechnung 1 Punkt:**
Die Ober- und Untergrenze wird subtrahiert.
14,99 € – 5,00 € = 9,99 € f pro Monat 19,98

Zahlsysteme

10 **Für die richtige Umwandlung 1 Punkt:**
a) 13 b) 37 c) 98 d) 97 e) 156 f) 2926 g) 226 h) 27

11 **Für die richtige Umwandlung 1 Punkt:**
a) $(11110)_2$ b) $(101101)_2$ c) $(1000100)_2$ d) $(1010000)_2$ e) $(110)_5$ f) $(300)_5$

12 **Für die richtige Darstellung 1 Punkt und die richtige Umwandlung 1 Punkt:**
$(1101)_2 = (13)_{10}$

Teiler, Vielfache, Primzahlen, ggT und kgV

13 **Für jede richtige Teilermenge und jede Vielfachmenge je 1 Punkt:**
a) {1, 2, 4, 5, 10, 20} b) {1, 2, 3, 4, 6, 8, 12, 16, 24, 48} c) {1, 2, 3, 4, 5, 6, 10, 12, 15, 20, 60}
d) {7, 14, 21, 28, 35, 42, 49 …} e) {16, 32, 48, 64, 80, 96, 112 …}

14 **Für jede richtige Begründung je 1 Punkt (insgesamt 2 Punkte):**
Nein, da 6 kein Teiler von 326 (die Quersumme von 326 ist 11 und daher nicht durch 3 teilbar).

15 **Für jede Teilaufgabe 2 Punkte:**
a) ggT = 7; kgV = 42 b) ggT = 1; kgV = 63 c) ggT = 6; kgV = 126

16 **Für jede richtige Rechnung 1 Punkt (= 2 Punkte) und für die richtige Antwort 1 Punkt:**
kgV (1; 2; 3; 4) = 12
Da die Woche 7 Tage hat, rechnet man 12 : 7 = 1 R 5
Also treffen sich die Freunde eine Woche und 5 Tage später wieder, d. h. an einem Dienstag.

Rechne in den einzelnen Bereichen die Punkte zusammen, die du erzielt hast. Solltest du unterhalb des kritischen Punktwertes liegen, dann kannst du in der Tabelle ablesen, auf welchen Seiten sich Erklärungen und Übungsaufgaben zum jeweiligen Thema befinden. Diese helfen dir weiterzukommen.

Bereich	Aufgabe	Gesamtpunktzahl	dein Punktwert	kritischer Punktwert	Übe nochmals ab
Große Zahlen	1 – 3	8		6	Seite 8
Darstellung von Zahlen	4 – 6	13		10	Seite 10
Runden von Zahlen	7 – 9	8		6	Seite 12
Zahlsysteme	10 – 12	16		12	Seite 14
Teiler, Vielfache, Primzahlen, ggT und kgV	13 – 16	16		12	Seite 16

Diagnosetest Seite 22 – 24

Addition und Subtraktion

1 **Für jede richtige Antwort 1 Punkt:**
a) Summand + Summand = Summe
b) Minuend – Subtrahend = Differenz

2 **Für jede richtige Teilaufgabe 1 Punkt:**

a) 72	b) 98	c) 8	d) 44	e) 34
f) 35	g) 23	h) 54	i) 138	j) 85

3 **Für jede richtige Antwort (d.h. auch richtiges Beispiel) 1 Punkt:**
a) Das Kommutativgesetz gilt nicht bei der Subtraktion (Beispiel: $7 - 4 \neq 4 - 7$).
Das Kommutativgesetz gilt bei der Addition (Beispiel: $2 + 3 = 3 + 2$).
b) Das Assoziativgesetz gilt nicht bei der Subtraktion (Beispiel: $(9 - 5) - 2 \neq 9 - (5 - 2)$).
Das Assoziativgesetz gilt bei der Addition (Beispiel: $(3 + 4) + 5 = 3 + (4 + 5)$).

Schriftliches Addieren

4 **Für jede richtige Teilaufgabe 1 Punkt:**
a) 1598   b) 12 255   c) 82 461   d) 70 810

5 **Für die richtige Rechnung 1 Punkt und die Antwort 1 Punkt:**
515,75 € + 1093,00 € + 677,78 € + 847,00 € = 3133,53 €
Frau Sonnen-Blume hat monatliche Mieteinnahmen von 3133,53 €.

Schriftliches Subtrahieren

6 **Für jede richtige Teilaufgabe 1 Punkt:**
a) 443   b) 2599   c) 3626   d) 7032

7 **Für die richtige Rechnung 1 Punkt und die Antwort 1 Punkt:**
26 700 € – 14 900 € = 11 800 €
Frau Wirsing hat einen Verlust von 11 800 €.

Multiplikation und Division

8 **Für jede richtige Antwort 1 Punkt:**
a) Faktor · Faktor = Produkt
b) Dividend : Divisor = Quotient

9 **Für jede richtige Teilaufgabe 1 Punkt:**

a) 36	b) 90	c) 40	d) 8	e) 11
f) 24	g) 23 Rest 1	h) 5	i) 9 Rest 4	j) 96

10 **Für jede richtige Teilaufgabe 1 Punkt:**
a) 6^5 b) 14^3 c) $4^6 \cdot 7 \cdot 23^2$

11 **Für jede richtige Teilaufgabe 1 Punkt:**
a) 8^2 oder 4^3 oder 2^6 b) 10^2 c) 3^3 d) 5^4 oder 25^2 e) 2^7

12 Für jede richtige Antwort (d. h. auch richtiges Beispiel) 1 Punkt:
Das Kommutativgesetz gilt bei der Multiplikation (Beispiel: $3 \cdot 7 = 7 \cdot 3$).
Das Kommutativgesetz gilt nicht bei der Division (Beispiel: $4 : 2 \neq 2 : 4$).
Das Assoziativgesetz gilt bei der Multiplikation (Beispiel: $(2 \cdot 3) \cdot 4 = 2 \cdot (3 \cdot 4)$).
Das Assoziativgesetz gilt nicht bei der Division (Beispiel: $(12 : 6) : 2 \neq 12 : (6 : 2)$).

Schriftliches Multiplizieren

13 Für jede richtige Teilaufgabe 1 Punkt:
a) 509 542 b) 8 540 784 c) 80 241 864 d) 300 763

14 Für die richtige Rechnung 1 Punkt und die Antwort 1 Punkt:
$32 \cdot 23 = 736$ Das Hochhaus (Treppenhaus) besitzt insgesamt 736 Stufen.

Schriftliches Dividieren

15 Für jede richtige Teilaufgabe 1 Punkt:
a) 504 b) 6057 c) 14 955 Rest 39

16 Für die richtige Rechnung 1 Punkt und die Antwort 1 Punkt:
10 239 : 465 = 22 Rest 9 Die Sekretärin braucht ca. 22 Minuten.

Wie viele Punkte hast du bei jeder Aufgabe erreicht? Zähle deine Punkte in jedem Bereich zusammen und trage sie in der Tabelle unter „dein Punktwert" ein. Vergleiche diesen mit dem kritischen Punktwert. Liegt dein Ergebnis darunter? Dann solltest du diesen Bereich ab der angegebenen Seite gezielt trainieren.

Bereich	Aufgabe	Gesamtpunktzahl	dein Punktwert	kritischer Punktwert	Trainiere ab
Addition und Subtraktion	1 – 3	20		15	Seite 25
Schriftliches Addieren	4 – 5	6		5	Seite 28
Schriftliches Subtrahieren	6 – 7	6		5	Seite 30
Multiplikation und Division	8 – 12	28		21	Seite 32
Schriftliches Multiplizieren	13 – 14	6		5	Seite 38
Schriftliches Dividieren	15 – 16	5		4	Seite 40

Übungsteil ab Seite 25

Addition und Subtraktion

1
14 + 28 = 42
Summand + Summand = Summe

2 35 + 42 = 77

3 a) 98

b) 108

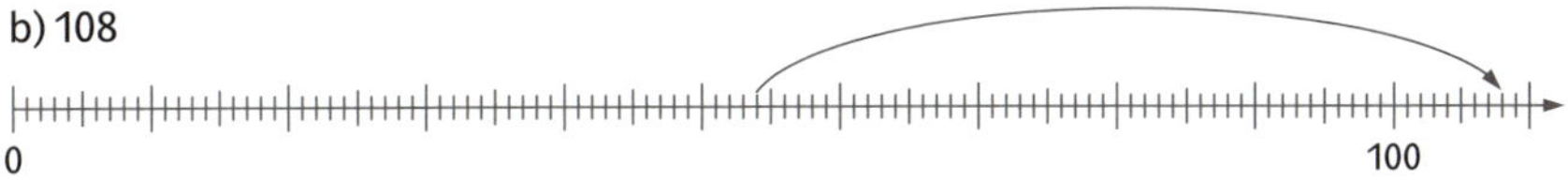

4
a) 69 b) 46 c) 89 d) 90 e) 1000
f) 655 g) 923 h) 666 i) 667 j) 489

5 a) 32 b) 30 c) 43 d) 16

6
84 − 63 = 21
Minuend − Subtrahend = Differenz

7 85 − 62 = 23

8 a) 42

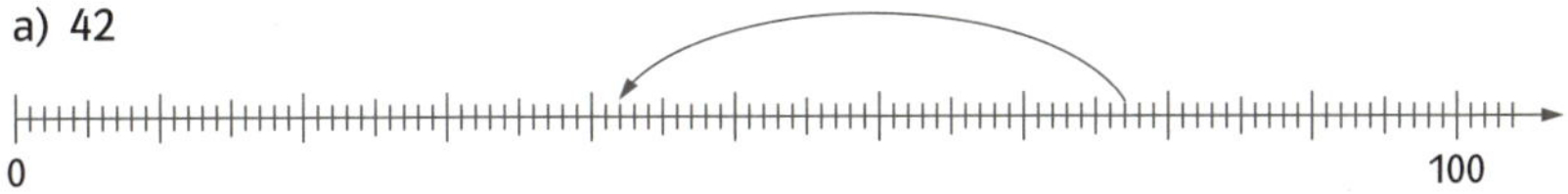

b) 31

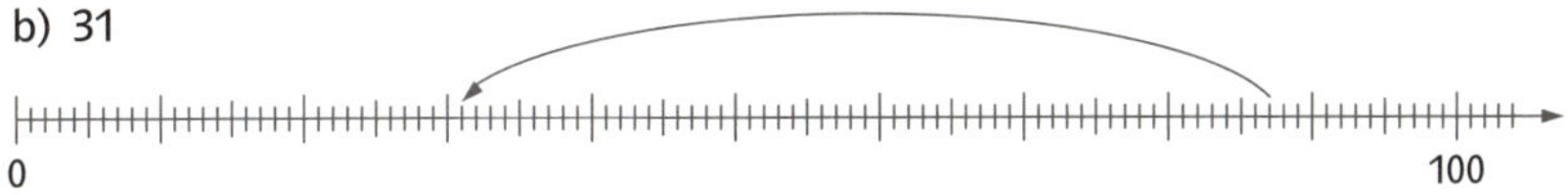

9
a) 40 b) 14 c) 22 d) 6 e) 210
f) 110 g) 2500 h) 221 i) 523 j) 622

10 a) 42 b) 71 c) 96 d) 88

11
b) (38 + 12) + 35 = 50 + 35 = 85 c) 359 + 1 + 26 = 360 + 26 = 386
d) 202 + 18 + 59 = 220 + 59 = 279

12
Rechnung: 122 + 29 + 18 = 122 + 18 + 29 = 140 + 29 = 169
Antwort: Es sitzen 169 Personen im Zug.

Schriftliches Addieren

1 a) 711 b) 13 105 c) 13 961 d) 24 215

2 a) 1149 b) 8480 c) 9575 d) 5615 e) 7960

3 Rechnung: 276 km + 475 km + 285 km = 1036 km Antwort: Herr Klemm fährt insgesamt 1036 km.

4 Rechnung:
2093,70 € + 1677,50 € + 1725,20 € + 1673,80 € + 2573,80 € + 3583,90 € + 4001,40 € = 17 329,30 €
Antwort: Die Gesamteinnahmen der Woche betrugen 17 329,30 €.

5 a) 6374 + 384 = **6758**
b) **9384** + **728** + 384 = 10 **496**
c) 5504 + 4007 + 7748 = 17 259
d) 84 751 + 3948 + 80 031 + 18 374 = 187 104

6 a)

53 076			
29 056	24 020		
14 846	14 210	9810	
6374	8472	5738	4072

b)

36 374			
10 626	25 748		
1407	9219	16 529	
661	746	8473	8056

7 a) Die Zahl im obersten Stein wird um 480 größer.

b)

53 556			
29 296	24 260		
14 966	14 330	9930	
6434	8532	5798	4132

Schriftliches Subtrahieren

1 a) 287 b) 315 c) 1529 d) 2365 e) 1753

2 a) 165 b) 174 c) 6677 d) 1357 e) 1971

3 Rechnung: 210 000 € – 186 500 € = 23 500 €
Antwort: Herr Kroner hat einen Verlust von 23 500 € in den 4 Jahren gemacht.

4 Rechnung: 25 000 – 4897 – 3512 – 2897 – 1975 – 2146 – 2008 – 1906 = 5659
Antwort: Es sind noch 5659 Karten für das Konzert übrig.

5 a) 894 – 347 = 547
b) 7036 – 3674 = 3362
c) 7772 – 3881 – 2704 = 1187
d) 8436 – 3704 – 4093 = 639

6 a)

8384	4793	3018	1825
3591	1775	1193	
1816	582		
1234			

b)

9593	7188	5704	4720
2405	1484	984	
921	500		
421			

7

16 038	9817	6484	6039
6221	3333	445	
2888	2888		
0			

Multiplikation und Division

1 a) $7 \cdot 14$ b) $4 \cdot 6$ c) $9 \cdot 54$

2 Faktor · Faktor = Produkt

3 a) $3 \cdot 21 = 63$ b) $5 \cdot 12 = 60$

4 a) 54

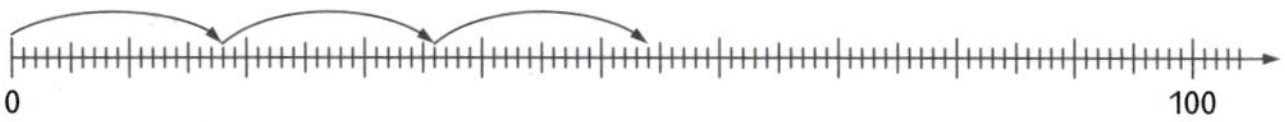

b) 78

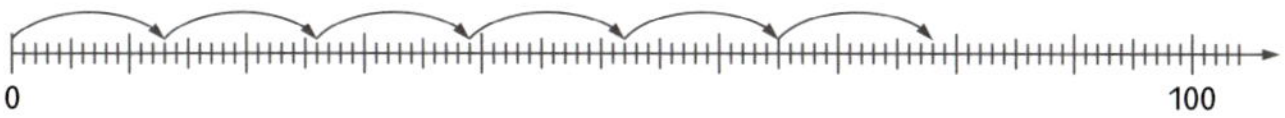

5 a) 80 b) 900 c) 86 d) 96 e) 490
f) 119 g) 90 h) 832 i) 360 j) 48 000

6 a) 9 b) 16 c) 5 d) 5 e) 108

7 a) z. B.: $1 \cdot 48$, $2 \cdot 24$, $4 \cdot 12$, $8 \cdot 6$, $16 \cdot 3$
b) z. B.: $1 \cdot 144$, $2 \cdot 72$, $4 \cdot 36$, $6 \cdot 24$, $8 \cdot 18$, $12 \cdot 12$, $9 \cdot 16$, $3 \cdot 48$

8 a) 6^7 b) 25^5 c) 3024^2 d) $5^4 \cdot 7^2 \cdot 12^4$ e) $35^7 \cdot 117 \cdot 88^2$

9

2^1	2^2	2^3	2^4	2^5	2^6	2^7	2^8	2^9	2^{10}
2	4	8	16	32	64	128	256	512	1024

10 b) 2^5 c) 5^3 d) 7^2 e) 11^2 f) 3^3

11 Dividend : Divisor = Quotient

12 a) $98 : 7 = 14$ b) $200 : 8 = 25$ c) $348 : 4 = 87$
d) $396 : 66 = 6$ e) $725 : 145 = 5$ f) $156 : 13 = 12$

13 a) $42 : 14 = 3$ b) $56 : 4 = 14$

14 a) 16

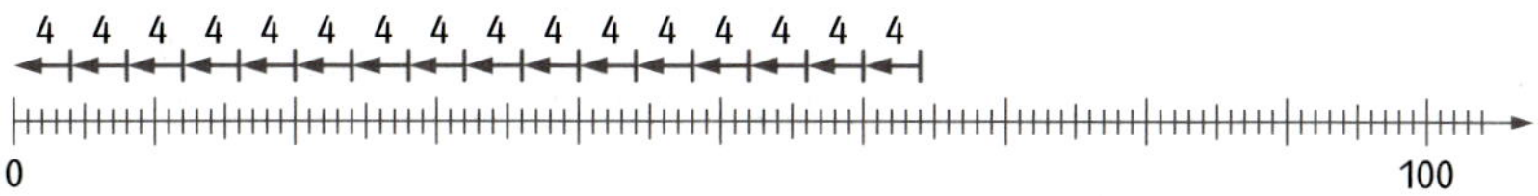

b) 5

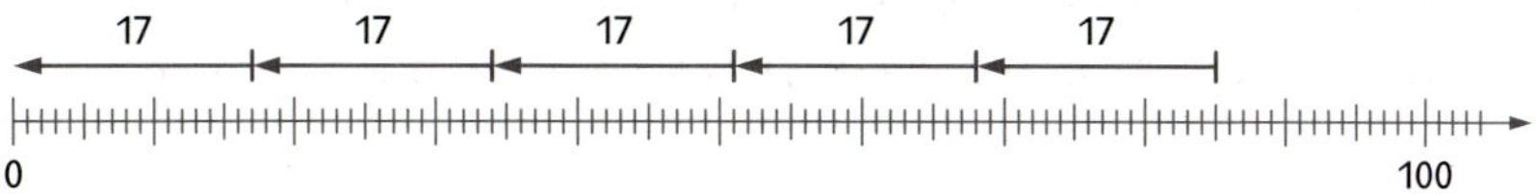

15 a) 11 b) 400 c) 20 d) 100 e) 16
f) 12 g) 18 h) 4 i) 17 j) 14

16 a) 5 b) 6 c) 45 d) 13 e) 4

17 a) 2 Rest 1 b) 7 Rest 1 c) 17 Rest 2 d) 12 Rest 2 e) 8 Rest 1
f) 4 Rest 5 g) 6 Rest 15 h) 9 Rest 9 i) 6 Rest 3 j) 4 Rest 84

18 viele richtige Lösungen möglich, z. B. 111 : 13 = 8 R 7

19 b) $45 \cdot 2 \cdot 4 = 90 \cdot 4 = 360$ c) $4 \cdot 25 \cdot 8 = 100 \cdot 8 = 800$ d) $5 \cdot 2 \cdot 17 = 10 \cdot 17 = 170$
e) $25 \cdot 8 \cdot 7 = 200 \cdot 7 = 1400$ f) $4 \cdot 15 \cdot 7 = 60 \cdot 7 = 420$

20 Rechnung: $4 \cdot 15 \cdot 6 = 60 \cdot 6 = 360$ Antwort: Auf der Palette befinden sich 360 Dosen.

Schriftliches Multiplizieren

1 a) 32 636 302 b) 4 589 256 c) 53 820 046 d) 92 786 394

2 a) 292 940 b) 1 401 981 c) 33 526 416 d) 19 545 106

3 Rechnung: $564 \cdot 16 = 9024$ Antwort: Das Flugzeug hat in 16 Stunden 9024 km zurückgelegt.

4

Minuten	5 min	8 min	15 min	19 min	30 min	38 min	56 min
Kosten	195 ct	312 ct	585 ct	741 ct	1170 ct	1482 ct	2184 ct

5 a) $512 \cdot 78 = 35\,840 + 4096 = 39\,936$
b) $6008 \cdot 117 = 600\,800 + 60\,080 + 42\,056 = 702\,936$
c) $6736 \cdot 3173 = 20\,208\,000 + 673\,600 + 471\,520 + 20\,208 = 21\,373\,328$

6 a) 54 756 b) 381 924 c) 51 064 811 d) 1 350 439 223 056

7 $279 \cdot 35 = 9765$

8 3 453 642 Sie hat die Teilprodukte nicht richtig untereinandergeschrieben.

Schriftliches Dividieren

1

a)
```
6164 : 13 = 474
52          Rest 2
 96
 91
  54
  52
   2
```

b)
```
90180 : 15 = 6012
90
 018
  15
   30
   30
    0
```

c)
```
5217 : 111 = 47
444
 777
 777
   0
```

d)
```
63734 : 23 = 2771
46           Rest 1
177
161
 163
 161
  24
  23
   1
```

e)
```
35007 : 19 = 1842
19           Rest 9
160
152
  80
  76
  47
  38
   9
```

f)
```
730180 : 61
61          = 11970
120           Rest 10
 61
 591
 549
  428
  427
   10
```

2 Rechnung: 125 832 € : 12 = 10 486 € — Antwort: Jedes Mitglied erhält vom Gewinn 10 486 €.

3 Rechnung: 1700 € : 20 € = 85 — Antwort: Er bezahlt mit 85 20-€-Scheinen.

4 Rechnung: 1805 : 19 = 95 — Antwort: In jeder Reihe stehen 95 Geranien.

5 a)

7	3	5	**2**	**1**	:	9	=	8	1	6	9
7	2										
	1	**5**									
		9									
		6	2								
		5	4								
			8	**1**							
			8	**1**							
				0							

b)

6	1	4	4	0	:	**1**	5	=	4	0	**9**	**6**
6	0											
	1	4	**4**									
	1	3	5									
		9	0									
		9	0									
			0									

6 975 : 30 = 32 Rest 15

7 5607 Er hat im Ergebnis die Null an der Zehnerstelle vergessen.

Abschlusstest Seite 42 – 44

Addition und Subtraktion

1 **Für jede richtige Teilaufgabe 1 Punkt:**
a) 119 b) 100 c) 30 d) 26 e) 46
f) 52 g) 42 h) 55 i) 169 j) 255

2 **Für jede richtige Teilaufgabe 1 Punkt:**
a) $87 - 17 - 28 = 70 - 28 = 42$
b) $46 + 54 + 65 = 100 + 65 = 165$
c) $3 + 97 + 498 = 100 + 498 = 598$
d) $80 + 19 - 38 = 99 - 38 = 61$
e) $(84 + 6) + (88 + 12) = 90 + 100 = 190$
f) $89 - (26 + 40) = 89 - 66 = 23$

Schriftliches Addieren

3 **Für jede richtige Teilaufgabe 1 Punkt:**
a) 1309 b) 18 223 c) 18 917 d) 31 335

4 **Für die richtige Rechnung 1 Punkt und die Antwort 1 Punkt:**
1283,74 € + 529,00 € + 97,00 € = 1909,74 €
Lisa hat jetzt insgesamt 1909,74 € übrig.

Schriftliches Subtrahieren

5 **Für jede richtige Teilaufgabe 1 Punkt:**
a) 44 b) 2644 c) 5721 d) 55 173

6 **Für die richtige Rechnung 1 Punkt und die Antwort 1 Punkt:**
1794,45 € – 379,00 € – 127,50 € = 1287,95 €
Jan hat noch 1287,95 € übrig.

Multiplikation und Division

7 **Für jede richtige Teilaufgabe 1 Punkt:**
a) 68 b) 125 c) 30 d) 8 e) 15
f) 25 g) 16 h) 6 i) 8 Rest 7 j) 75

8 **Für jede richtige Teilaufgabe 1 Punkt:**
a) 8^{10} b) 56^4 c) 7^2 d) $7^4 \cdot 6^3$ e) 11^2 f) 6^3

9 **Für jede richtige Teilaufgabe 1 Punkt:**
a) $(25 \cdot 4) \cdot (7 \cdot 7) = 100 \cdot 49 = 4900$
b) $35 \cdot 2 \cdot 7 = 70 \cdot 7 = 490$
c) $4 \cdot 25 \cdot 17 = 100 \cdot 17 = 1700$
d) $2 \cdot 5 \cdot 38 = 10 \cdot 38 = 380$

10 **Für jeden richtigen Eintrag 1 Punkt:**

Menschenjahre	Hundejahre	Katzenjahre	Papageienjahre	Kuhjahre
1	7	8	2	4
10	**70**	**80**	**20**	**40**
20			**40**	**80**
40			**80**	

Schriftliches Multiplizieren

11 **Für jede richtige Teilaufgabe 1 Punkt:**

a) 330 242 b) 58 651 496 c) 32 003 193 d) 107 171 875

12 **Für die richtige Rechnung 1 Punkt und die Antwort 1 Punkt:**

1345 · 12 = 16 140 Jens hat für seine Feier insgesamt 16 140 Bonbons.

Schriftliches Dividieren

13 **Für jede richtige Teilaufgabe 1 Punkt:**

a) 516 b) 608 c) 54 702 d) 10 549 Rest 6 e) 1166 Rest 14

14 **Für die richtige Rechnung 1 Punkt und für die Antwort 1 Punkt:**

18 340 : 12 = 1528 Rest 4 Insgesamt werden 1528 volle Kisten zur Auslieferung fertiggestellt.

Rechne in den einzelnen Bereichen die Punkte zusammen, die du erzielt hast. Solltest du unterhalb des kritischen Punktwertes liegen, dann kannst du in der Tabelle ablesen, auf welchen Seiten sich Erklärungen und Übungsaufgaben zum jeweiligen Thema befinden. Diese helfen dir weiterzukommen.

Bereich	Aufgabe	Gesamt-punktzahl	dein Punktwert	kritischer Punktwert	Übe nochmals ab
Addition und Subtraktion	**1 – 2**	16		12	Seite 25
Schriftliches Addieren	**3 – 4**	6		5	Seite 28
Schriftliches Subtrahieren	**5 – 6**	6		5	Seite 30
Multiplikation und Division	**7 – 10**	30		23	Seite 32
Schriftliches Multiplizieren	**11 – 12**	6		5	Seite 38
Schriftliches Dividieren	**13 – 14**	7		5	Seite 40

Diagnosetest Seite 46 – 51

Geld

1 **Für jede richtige Teilaufgabe 0,5 Punkte:**

a) 3400 ct b) 5,34 € c) 508 ct d) 13 900 ct e) 8,05 €
f) 850 ct g) 17,09 € h) 3,89 € i) 8 € 93 ct j) 29 382 € 3 ct

2 **Für die richtige Zahl 0,5 Punkte:**

389 ct < 5 € 8 ct < 534 ct < 805 ct < 8,50 € < 8,93 € < 17 € 9 ct < 34 € < 139 € < 2 938 203 ct

3 **Für jede richtige Teilaufgabe 1 Punkt:**

a) 16 € b) 21,60 € c) 1292 ct d) 14,49 € e) 38 € 89 ct

4 **Für die richtige Rechnung 1 Punkt und für die Antwort 1 Punkt:**

379 € : 18,80 € = 37 900 ct : 1880 ct = 20 Rest 300
Sie muss 21 Wochen sparen, um sich das Fahrrad kaufen zu können.

Zeit

5 **Für jede richtige Teilaufgabe 0,5 Punkte:**

a) 180 s b) 6 min c) 1440 min d) 7,5 min e) 58 min 2 s
f) 263 min g) 45 h h) 676 h i) 120 min j) 2 d 3 h

6 **Für jeden richtigen Eintrag 1 Punkt:**

Anfang	22:10 Uhr	13:45 Uhr	07:28 Uhr	10:46 Uhr	21:54 Uhr
Ende	23:40 Uhr	15:15 Uhr	08:16 Uhr	17:35 Uhr	05:45 Uhr
Zeitdauer	1 h 30 min	1 h 30 min	48 min	6 h 49 min	7 h 51 min

7 **Für die richtige Rechnung 1 Punkt und für die Antwort 1 Punkt:**

2 h 46 min + 38 min = 3 h 24 min; 08:48 Uhr + 3 h 24 min ⇒ 12:12 Uhr
Frau John kommt um 12:12 Uhr in Frankfurt an.

Gewichte

8 **Für jede richtige Teilaufgabe 1 Punkt:**

a) 7,5 t b) 2 938 000 mg c) 0,034 t
d) 6 000 000 mg e) 0,082 g f) 29,008 kg
g) 0,028 349 t h) 9009 kg i) 9039 mg

9 **Für die richtige Rechnung 1 Punkt und für die Antwort 1 Punkt:**

112 kg – 78,6 kg = 33,4 kg 33,4 kg · 2 = 66,8 kg Die Mutter wiegt 66,8 kg.

10 **Für die richtige Rechnung 1 Punkt und für die Antwort 1 Punkt:**

556 g – 330 g = 226 g Das Taragewicht beträgt 226 g.

Längen

11 Für jede richtige Teilaufgabe 1 Punkt:
a) 6600 m   b) 3666 mm   c) 9545 m   d) 6344 cm   e) 965 cm   f) 509 m

12 Für jede richtige Rechnung 1 Punkt und für die richtige Antwort 1 Punkt:
a) 285 · 0,75 m = ~~213,75~~ m 380   b) 274 · 0,90 m = ~~246,60 m~~ 304,4
c) Den längeren Schulweg hat Erik. Die Differenz beträgt 32,85 m.

13 Für jede richtige Teilaufgabe 2 Punkte:
a) Länge: 4 cm 7 mm; Breite: 1 cm   b) Länge: 0,5 dm; Breite: 3 mm

14 Für die richtige Lösung 1 Punkt:
Der Weg zwischen Punkt D und E muss 8,9 cm betragen.

Flächeninhalt und Umfang

15 Für jeden richtigen Buchstaben 0,5 Punkte:
A, E, F, D, C, B

16 Für jede Figur 1 Punkt:
Es gibt unendlich viele Lösungen, z. B. 2 cm mal 5 cm.

17 Für jeden berechneten Umfang 1 Punkt:
a) 8 cm   b) 10 cm   c) 8 cm   d) 6,8 cm

18 Für die richtige Rechnung 1 Punkt und für die Antwort 1 Punkt:
2 · 80 m + 2 · 30 m = 220 m; 220 m · 5 = 1100 m   Er ist 1100 m gelaufen.

19 Für jeden berechneten Wert 1 Punkt:
a) A = 24 cm^2; U = 20 cm   b) A = 560 cm^2; U = 156 cm

20 Für jede berechnete Zimmergröße 1 Punkt:
Flur = 16 m^2; SZ = 20 m^2; Bad = 12 m^2; WZ = 32 m^2

21 Für die richtige Lösung 2 Punkte:
Lösungswerte von 70 km^2 bis 100 km^2 werden angerechnet. Bei geringfügiger Differenz können entsprechende Punkte abgezogen werden (0,5 bis 1 Punkt).

22 **Für jeden richtigen Wert 0,5 Punkte:**

a) $500\,cm^2$ b) $1000\,m^2$ c) 500 ha d) 40 ha e) $40\,dm^2$ f) $0{,}5\,m^2$
g) $356\,dm^2$ h) $1{,}87\,cm^2$ i) 0,134 a j) $74\,mm^2$ k) $1408\,m^2$ l) $1{,}365\,km^2$

Volumen

23 **Für jeden berechneten Wert 1 Punkt:**

a) $12\,cm^3$ b) $24\,cm^3$ c) $40\,cm^3$

24 **Für jeden berechneten Wert 1 Punkt:**

a) $V = 280\,cm^3$ b) $V = 7480\,dm^3$

25 **Für jeden berechneten Wert 1 Punkt:**

a) c = 8 cm b) b = 47 dm

26 **Für jeden richtigen Wert 0,5 Punkte:**

a) $6000\,cm^3$ b) 255 l c) $7\,cm^3$ d) $500\,m^3$ e) $0{,}5\,dm^3$ f) $400\,000\,000\,cm^3$
g) 4 l h) 0,53 hl i) $2700\,cm^3$ j) $0{,}127\,dm^3$ k) $2{,}547\,m^3$ l) $260\,cm^3$

27 **Für die richtige Rechnung 1 Punkt und die Antwort 1 Punkt:**

a) $1{,}5\,l \cdot 365 = 547{,}5\,l$ Er trinkt im Schnitt 547,5 l pro Jahr
b) $547{,}5\,l \cdot 60 = 32\,850\,l$ Er hat insgesamt ca. 32 850 l getrunken.

Wie viele Punkte hast du bei jeder Aufgabe erreicht? Zähle deine Punkte in jedem Bereich zusammen und trage sie in der Tabelle unter „dein Punktwert" ein. Vergleiche diesen mit dem kritischen Punktwert. Liegt dein Ergebnis darunter? Dann solltest du diesen Bereich ab der angegebenen Seite gezielt trainieren.

Bereich	Aufgabe	Gesamtpunktzahl	dein Punktwert	kritischer Punktwert	Trainiere ab
Geld	1–4	17		13	Seite 52
Zeit	5–7	13		10	Seite 54
Gewichte	8–10	14		11	Seite 56
Längen	11–14	15		11	Seite 58
Flächeninhalt und Umfang	15–22	28		21	Seite 61
Volumen	23–27	17		13	Seite 67

Übungsteil ab Seite 52

Geld

1 a) 400 € b) 216 € c) 62 € d) 8 € 32 ct oder 8,32 € e) 15 € 15 ct oder 15,15 €

2 400 € > 216 € > 62 € > 15,15 € > 8,32 €

3 a) 200 €, 20 €, 20 €, 5 €, 2 €
b) 50 €, 20 €, 1 €, 20 ct, 20 ct
c) 200 €, 200 €, 50 €, 20 €, 20 €, 2 €, 50 ct, 10 ct, 5 ct, 2 ct
d) 500 €, 2 €, 2 €, 50 ct, 20 ct, 10 ct, 2 ct, 1 ct

4 16-mal 500 €, 1-mal 200 €, 1-mal 100 €, 2-mal 20 €, 1-mal 5 €

5 a) 6724 € 64 ct = 672 464 ct = 6724,64 € b) 483 € 7 ct = 48 307 ct = 483,07 €
c) 7000 € 86 ct = 700 086 ct = 7000,86 € d) 73 € 9 ct = 7309 ct = 73,09 €

6 a) 8300 ct b) 10 100 ct c) 71 € d) 2323 ct e) 29,14 €
f) 92,08 € g) 8,39 € h) 7 € 3 ct i) 92 323 ct

7 a) 6,40 € b) 6,65 € c) 27,00 € d) 830,17 €

8 Rechnung: 4 · 6,79 € + 35,49 € + 13,18 € + 12,99 € = 89,02 € 5 · 20 € − 89,02 € = 10,98 €
Antwort: Julian bekommt 10,98 € Wechselgeld zurück.

9 Rechnung: 51 · 5 € + 27 · 2 € + 49 · 1 € + 55 · 0,50 € + 15 · 0,20 € + 29 · 0,10 € + 72 · 0,05 € = 395 €
395 € − 80 € = 315 €
Antwort: Herr Rettich hat an diesem Tag 315 € eingenommen.

Zeit

1 a) 05:40:09 Uhr und 17:40:09 Uhr b) 10:37:37 Uhr und 22:37:37 Uhr
c) 05:07:16 Uhr und 17:07:16 Uhr d) 03:17:51 Uhr und 15:17:51 Uhr

2 a) b) c) d) e)

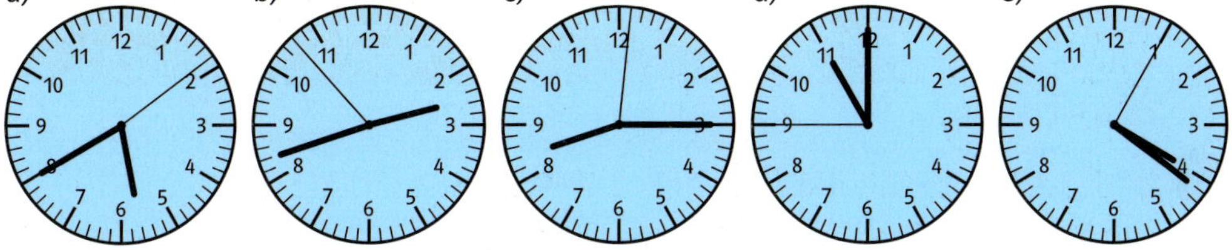

3 a) 120 s b) 5 min 45 s c) 11 min d) 720 min e) 98 h
f) 840 h g) $8\frac{1}{2}$ min h) 105 min i) 91,25 d j) 99 min

4

Anfang	20:30 Uhr	05:45 Uhr	18:10 Uhr	04:34 Uhr	22:48 Uhr
Ende	23:30 Uhr	09:00 Uhr	20:56 Uhr	11:17 Uhr	06:14 Uhr
Zeitdauer	3h	3h 15min	2h 46min	6h 43min	7h 26min

5 a) 1h 1min 45s b) 1h 2min 2s c) 7d 14h

6 a) Er ist 34 Minuten unterwegs und kommt um 17.08 Uhr in Lollar an.
b) Die schnellste Verbindung ist um 15.05 Uhr und beträgt 28 Minuten.

Gewichte

1 a) 945138 g = 945 kg 138 g = 945,138 kg b) 9006 g = 9 kg 6 g = 9,006 kg
c) 600001 g = 600 kg 1 g = 600,001 kg d) 84260 g = 84 kg 260 g = 84,260 kg

2 a) 3000 kg; 7,384 kg; 0,075 kg; 1050 kg b) 45000 mg; 3000000 mg; 4050 mg; 3003000 mg
c) 26 t; 2,728 t; 0,8372 t; 0,292093 t

3 45000 kg > 1,08 t > 6 kg 20 g > 6002 g > 0,005 t > 983,802 g > 6000 mg

4 a) 51,28 g b) 3,488 kg c) 9,66 t d) 5,161508 kg e) 2,359 kg f) 7,044 kg

5 Rechnung: 3100 kg − 1353 kg = 1747 kg Antwort: Der Kleinbus kann 1747 kg (= 1,747 t) hinzuladen.

6 Rechnung: 17000000 kg : 250 = 68000 kg 68000000 g : 250 g = 272000
Antwort: Pro Tag werden 68000 kg Nudeln hergestellt. Dies ergibt 272000 Packungen pro Tag.

7

Tara	126 g	209 g	1,230 kg	**289,75 g**	607 g
netto	540 g	**841 g**	**23,270 kg**	250 mg	**643 g**
brutto	**666 g**	1050 g	24,500 kg	290g	1,250 kg

8 a) Rechnung: 250 g + 5200 g = 5450 g 5450 g · 24 = 130800 g
130800 g + 16500 g = 147300 g
Antwort: Die Palette wiegt bepackt 147300 g (= 147,3 kg).
b) Rechnung: 550000 g : 147300 g = 3 Rest 108100
Antwort: Der Kleinlaster darf 3 volle Paletten laden.

Längen

1 Füller < Heft < Hund < Mensch < Auto < Haus

2

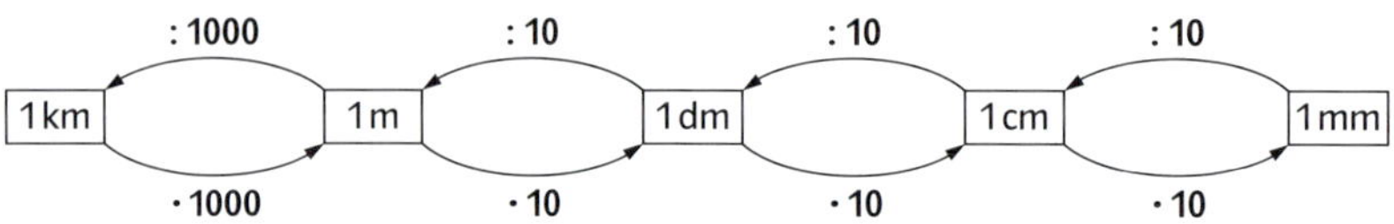

3 Es sind viele richtige Lösungen möglich, Beispiele:

a) 100,159 807 km = 100 159,807 m b) 75,184 m = 75 184 mm
c) 59 700 m = 5 970 000 cm d) 100,001 001 km = 100 001 001 mm

4 Anmerkung: Teilweise sind mehrere korrekte Lösungen möglich.

a) 13 442 dm b) 238 434 cm c) 8008 mm d) 17 839 m e) 34 mm f) 45 dm
g) 28 323 mm h) 829 mm i) 93 293 m j) 2323 cm k) 998 dm l) 3482 mm

5 a) 2300 cm; 170 cm; 80 000 cm; 23,4 cm; 1970 cm
b) 4 m; 83,9 m; 17 090 m; 12,83 m; 0,821 m
c) 5,5 km; 0,08 km; 0,0189 km; 0,000 08 km; 0,912 12 km

6 a) 19,7 km = 19 700 m b) richtig c) 0,78 m = 7,8 dm
d) richtig e) 800 mm = 0,8 m f) 189,009 km = 1 890 090 dm

7 Rechnung: 40,55 km + 38,91 km + 29,45 km = 108,91 km
Antwort: Marco fuhr an den drei Tagen insgesamt 108,91 km.

8 a) Sarah b) 5,7 km + 5,8 km + 4,95 km + 4,9 km + 5 km = 26,35 km
c) 5,8 km − 4,9 km = 0,9 km (oder 900 m)

9 Rechnung: 80 cm · 240 = 19 200 cm (oder 192 m) für beide Straßenseiten; 192 m : 2 = 96 m
Antwort: Die Straße ist 96 m lang.

10 650 m · 2 + 1090 m − 30 m = 2360 m

11 Beispiele: Lineal, Gliedermaßstab (umgangssprachlich: Zollstock), Geodreieck, Schneidermaßband, digitaler Entfernungsmesser, Anreißlineal, Rollmaßband

12 a) 12 cm b) 5 cm 4 mm c) 10,7 cm d) 1 dm 1 cm e) 76 mm

13 Die zu zeichnenden Strecken in cm:
a) 8 cm b) 13,7 cm c) 8,3 cm d) 14 cm e) 8 mm f) 10,3 cm

14

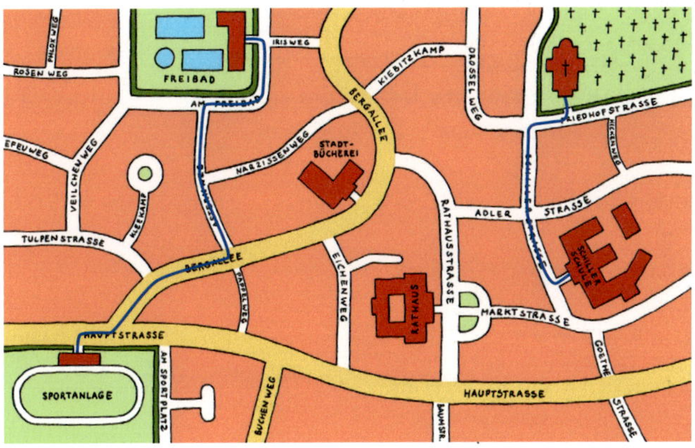

Flächeninhalt und Umfang

1 B < A < E < F < D < G < C

2 A = 9 cm² B = 18 cm² C = 2 cm² D = 8 cm² E = 18 cm² F = 11,5 cm²

3 Es gibt viele richtige Lösungen.

4 a) U = 245 m b) U = 18 cm c) U = 112 dm

5 $\text{Umfang}_{\text{Rechteck}}$ = 11 cm $\text{Umfang}_{\text{Dreieck}}$ = 10,6 cm $\text{Umfang}_{\text{Fünfeck}}$ = 10,6 cm

6 Es gibt unendlich viele Lösungen.

7 a) 600 dm² b) 8 cm² c) 700 ha d) 0,5 a e) 15 000 a
f) 7,8 m² g) 50 000 mm² h) 170 000 m² i) 4500 ha

8 a) Man benötigt 100 Quadrate. b) Man benötigt 10 000 Quadrate.

9 a) 30 mm²; 75 mm²; 99 mm² b) 57 dm²; 1 dm²; 9975 cm²

10

km²		ha		a		m²		dm²		cm²		mm²			
Z	E	Z	E	Z	E	Z	E	Z	E	Z	E	Z	E		
		4	7	5	4									47,54 ha =	4754 a
				4	7	8	9							4789 m² =	47,89 a
	5	0	2	8										5,028 km²	502,8ha
											1	4	6	146 mm² =	1,46 cm²
				7	4									74 a =	0,74 ha
							0	0	4	5	0	0	0	0,045 m² =	450 cm²

11 a) 34,78 m² b) 542,8 a c) 64 781 cm² d) 2760 m² e) 1,0805 cm²
f) 1400 cm² g) 60 dm² h) 17 400 mm² i) 0,1507 dm²

12 a) A = 20 cm²; U = 18 cm b) A = 320 cm²; U = 72 cm
c) A = 4750 m²; U = 326 cm d) A = 3850 dm²; U = 250 dm
e) A = 60 cm²; U = 38 cm f) A = 36 600 cm²; U = 4036,6 cm

13 a) Breite = 12 cm b) Länge = 301 cm c) Breite = 7 dm d) Länge = 85 cm

14 Waschküche und Hobbyraum je 44 m²; Partyraum = 78 m²

15 78 m² + 44 m² + 44 m² = 166 m²;
1700 a − 60 a − 20 a = 1620 a Die Ackerfläche ist 1620 a groß.

16 $A = 6\,m \cdot 4\,m = 24\,m^2$; $24 \cdot 35\,€ = 840\,€$ Es müssen für 840 € Fliesen gekauft werden.

17 a) 8 · 48 a = 384 a
Er kann 384 a abernten.
b) 384 a : 70 a = 5 R 34
Er hat ca. 5 Weizenfeldflächen jeweils in der Größe eines Fußballfeldes abgeerntet.

18 Es kann eine Flächengröße von 18 km^2 bis 34 km^2 gefunden werden.
Der genaue Wert liegt bei 26 km^2.

Volumen

1 B < A < C

2 a) 30 cm^3 b) 24 cm^2 c) 24 cm^3 d) 29 cm^3

3 Es passen 1000 Würfel hinein.

4 a) 5000 dm^3 b) 8 cm^3 c) 0,4 m^3 d) 0,5 m^3
e) 20 000 cm^3 f) 2 000 000 cm^3 g) 40 l h) 10 000 l
i) 25 000 cm^3 j) 5000 l k) 34000 ml l) 547 l

5 a) Man benötigt 1000 Würfel. b) Man benötigt 1 000 000 Würfel.

6 a) 200 mm^3; 925 mm^3; 996 mm^3 b) 600 cm^3; 500 ml; 978 cm^3; 998 cm^3

7

m^3			dm^3 (l)			cm^3 (ml)			mm^3			
H	Z	E	H	Z	E	H	Z	E	H	Z	E	
		4	2									4,2 m^3 = 4200 dm^3
				2	3	5	*4*					23,54 dm^3 = 23 540 cm^3
				2	4	5	8	0				24 580 cm^3 = 24,58 dm^3
	1	5	7	8	0							15 780 l = 15,78 m^3
						2	4	0				240 ml = 0,24 dm^3
				1	2							12 dm^3 = 0,012 m^3

8 a) 2840 dm^3 b) 13,257 l c) 0,52 dm^3 d) 4,237 m^3 e) 0,085 dm^3
f) 0,42 l g) 3 700 000 mm^3 h) 40 ml i) 8042,7 dm^3

9 a) 252 cm^3 b) 6270 dm^3 c) 6 m^3 d) 100 cm^3 e) 20 925 mm^3 = 20,925 cm^3

10 a) c = 4 cm b) b = 15 mm c) a = 75 dm d) c = 27 cm

11 50 cm · 40 cm · 40 cm = 80 000 cm^3 = 80 dm^3 (= 80 l)
Es befinden sich 80 l Wasser im Aquarium.

12 a) $4 \cdot 1500\,l = 6000\,l$ Fassungsvermögen; $6000\,l - 4237\,l = 1763\,l$
Es waren noch 1763 l in den Tanks.
b) $4237\,l \cdot 72\,ct = 305\,064\,ct = 3050{,}64\,€$
Herr Meier muss 3050,64 € bezahlen.

13 $14\,m \cdot 10\,m \cdot 3\,m = 420\,m^3$; $420\,m^3 : 7\,m^3 = 60$
Der Lkw muss 60-mal fahren.

14 a) $267 \cdot 120\,l = 32\,040\,l$ An diesem Tag sind 32 040 l Restmüll angefallen.
b) $32\,040\,l = 32{,}04\,m^3$; $32{,}04\,m^3 : 1\,m : 1\,m = 32{,}04\,m$ Der Quader wäre 32,04 m hoch.

15 a) Er kann ca. 100 km damit fahren.
b) Mit 20 l kann er 4-mal so weit fahren, also ist er ca. 400 km gefahren.
c) Mit 50 l kann er 10-mal so weit fahren, also kann er ca. 1000 km mit vollem Tank fahren.

Abschlusstest Seite 72 – 76

Geld

1 **Für jede richtige Teilaufgabe 0,5 Punkte:**

a) 7600 ct b) 79,22 € c) 905 ct d) 88 800 ct e) 7,09 €
f) 942 ct g) 28,01 € h) 8,26 € i) 7 € 38 ct j) 48 320 € 3 ct

2 **Für die richtige Zahl 0,5 Punkte:**

4 832 003 ct > 888 € > 7922 ct > 76 € > 28 € 1 ct > 9,42 € > 9 € 5 ct > 826 ct > 7,38 € > 709 ct

3 **Für die richtige Rechnung 1 Punkt und für die Antwort 1 Punkt:**

17 900 ct : 150 ct = 119 Rest 50 Er muss 120 Tage sparen, um sich das Auto kaufen zu können.

Zeit

4 **Für jede richtige Teilaufgabe 0,5 Punkte:**

a) 480 s b) 9 min c) 720 min d) 122 min 44 s e) 373 min
f) 41 h g) 513 h h) 242 min i) 3 d 3 h

5 **Für jeden richtigen Eintrag 1 Punkt:**

Anfang	17:15 Uhr	01:51 Uhr	**5:42 Uhr**	06:49 Uhr	23:48 Uhr
Ende	21:45 Uhr	05:14 Uhr	10:24 Uhr	**10:16 Uhr**	07:23 Uhr
Zeitdauer	**4 h 30 min**	**3 h 23 min**	4 h 42 min	3 h 27 min	**7 h 11 min**

55

6 **Für die richtige Rechnung 1 Punkt und für die Antwort 1 Punkt:**

3 h 46 min + 47 min = 4 h 33 min; 08:36 Uhr + 4 h 33 min ⇒ 13:09 Uhr
Familie Hans kommt um 13:09 Uhr bei der Oma an.

Gewichte

7 **Für jede richtige Teilaufgabe 0,5 Punkte:**

a) 3,9 t b) 8 492 000 mg c) 0,065 t d) 91 000 000 mg e) 0,009 g
f) 39,004 kg g) 0,094 823 t h) 1017 kg i) 4004 mg j) 8 091 000 mg

8 **Für jede richtige Rechnung 1 Punkt und für die Antwort 1 Punkt:**

6000 kg : 10 · 6 = 3600 kg (oder 3,6 t) 3600 kg : 4 = 900 kg (oder 0,9 t)
Das Breitmaulnashorn hat ein Gewicht von 3,6 t. Der Kaffernbüffel wiegt 900 kg.

9 **Für die richtige Rechnung 1 Punkt und die Antwort 1 Punkt:**

1045 g – 325 g = 720 g Das Nettogewicht beträgt 720 g.

Längen

10 **Für jede richtige Teilaufgabe 1 Punkt:**

a) 10 900 m b) 16 895 mm c) 10 892 m d) 649 cm e) 196 mm f) 17 991 dm

11 **Für jede richtige Lösung 1 Punkt:**
a) 8800 m b) 8200 m c) 7600 m

12 **Für jede richtige Teilaufgabe 2 Punkte:**
a) 5 cm 3 mm und 0,5 cm b) 6 cm 5 mm und 8 mm

13 **Für jede richtige Lösung 1 Punkt:**
Der Punkt C kann verschieden liegen. Aber insgesamt muss die Länge 14,7 cm betragen.

Flächeninhalt und Umfang

14 **Für jeden richtigen Buchstaben 0,5 Punkte:**
A < C < E < F < D < B

15 **Für jede richtige Figur 1 Punkt:**
Es sind unendlich viele Lösungen möglich.

16 **Für jeden richtigen Wert 1 Punkt:**
a) U = 103 cm b) U = 68 cm c) U = 38 m

17 **Für jeden richtigen Wert 0,5 Punkte:**
a) 500 cm^2 b) 4 a c) 55 dm^2 d) 452 mm^2
e) 3800 dm^2 f) 164 a g) 5470 cm^2 h) 15 000 m^2

18 **Für jeden richtigen Wert 1 Punkt:**
a) A = 63 cm^2; U = 32 cm b) A = 972 mm^2; U = 126 mm c) A = 480 dm^2; U = 88 dm

19 **Für jeden richtigen Wert 1 Punkt:**
a) b = 17 cm b) a = 180 cm c) b = 187 dm

20 **Jeweils für die Rechnung 1 Punkt und die Antwort 1 Punkt:**
a) 400 m^2 : 25 m = 16 m Der Bauplatz ist 16,67 m lang.
b) 400 · 285 € = 114 000 € Es müssen 114 000 € bezahlt werden.

21 **Für jeden richtigen Wert 1 Punkt:**
Bad: 2 m · 5 m = 10 m^2 Kinderzimmer: 2 m · 4 m = 8 m^2 Küche : 2 m · 6 m = 12 m^2
Flur: 2 m · 7 m = 14 m^2 Wohnzimmer: 4 m · 7 m = 28 m^2

22 **Für die richtige Lösung 3 Punkte:**
Eine Fläche von 400 bis 600 km^2 ist im möglichen Bereich. Der genaue Wert liegt bei 536 km^2.

Volumen

23 **Für jeden richtigen Buchstaben 0,5 Punkte:**
C < F < B < A < D < E

24 **Für die richtige Rechnung 1 Punkt und die Antwort 1 Punkt:**
10 · 10 · 10 = 1000 1000 Würfel passen hinein.

25 **Für jeden richtigen Wert 0,5 Punkte:**

a) $4000\,mm^3$ b) $5\,m^3$ c) $40\,000\,000\,mm^3$ d) $6\,m^3$
e) 40 000 ml f) 500 000 l g) $3600\,cm^3$ h) 14 560 ml
i) $0{,}14\,m^3$ j) $50\,cm^3$ k) $3605{,}4\,cm^3$ l) $4{,}7851\,m^3$

26 **Für jeden richtigen Wert 1 Punkt:**

a) $V = 210\,cm^3$ b) $V = 92\,872\,mm^3$ c) $960\,cm^3$ d) $625\,000\,mm^3$ (oder $625\,cm^3$)

27 **Für jeden richtigen Wert 1 Punkt:**

a) c = 11 cm b) b = 100 mm (oder 10 cm)

28 **Für die richtige Berechnung 2 Punkte und die Antwort 1 Punkt:**

$18\,m \cdot 10\,m \cdot 6\,m = 1080\,m^3$; $1080\,m^3 : 40\,m^3 = 27$
Es dürfen höchstens 27 Pferde untergebracht werden.

29 **Für die richtige Berechnung 2 Punkte und die Antwort 1 Punkt:**

23 271 km − 22 471 km = 800 km;
für 800 km verbraucht das Auto 40 l; 40 l : 8 = 5 ~~800 : 40 = 20 Liter~~
Das Auto verbraucht etwa 5 l auf 100 km.

Rechne in den einzelnen Bereichen die Punkte zusammen, die du erzielt hast. Solltest du unterhalb des kritischen Punktwertes liegen, dann kannst du in der Tabelle ablesen, auf welchen Seiten sich Erklärungen und Übungsaufgaben zum jeweiligen Thema befinden. Diese helfen dir weiterzukommen.

Bereich	Aufgabe	Gesamtpunktzahl	dein Punktwert	kritischer Punktwert	Übe nochmals ab
Geld	**1–3**	12		9	Seite 52
Zeit	**4–6**	12,5		9	Seite 54
Gewichte	**7–9**	10		8	Seite 56
Längen	**10–13**	14		11	Seite 58
Flächeninhalt und Umfang	**14–22**	34		26	Seite 61
Volumen	**23–29**	23		17	Seite 67

Diagnosetest Seite 78 – 82

Strecken, Geraden und Halbgeraden

1 **Für jede richtige Angabe 1 Punkt:**
a) a, e   b) c, d   c) b, f

2 **Für jedes richtige Paar 1 Punkt:**
a) (a und e), (d und c), (c und f)   b) (d und f), (g und h)

3 **Für jede Teilaufgabe 2 Punkte:**

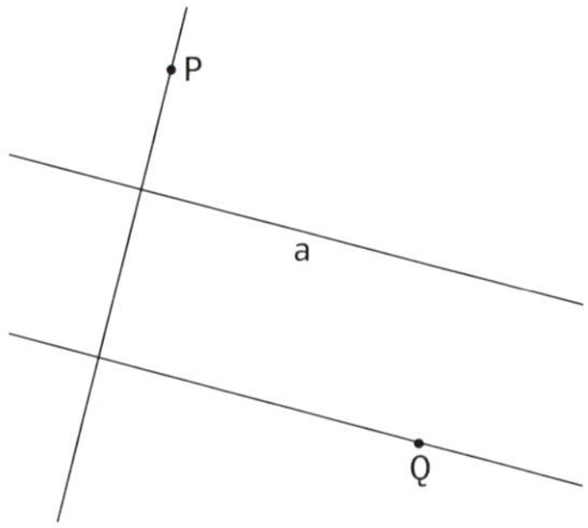

4 **Für jede Teilaufgabe 2 Punkte:**
a) c ist senkrecht zu b   b) b und c sind parallel

Eigenschaften von Figuren

5 **Für jede Teilaufgabe 1 Punkt:**
a) C, H   b) A, D   c) B, I   d) E, G   e) J

6 **Für jede Teilaufgabe 1 Punkt:**
Hinweis: Es sind mehr Lösungen als angegeben möglich.
a) Alle 4 Seiten sind gleich lang. Die Seiten stehen senkrecht zueinander.
b) Gegenüberliegende Seiten sind gleich lang. Die Seiten stehen senkrecht zueinander.
c) Gegenüberliegende Seiten sind parallel. Gegenüberliegende Seiten sind gleich lang.
d) Alle 4 Seiten sind gleich lang. Gegenüberliegende Seiten sind parallel.
e) Mindestens ein paar gegenüberliegender Seiten verläuft parallel.
f) 2 benachbarte Seiten sind gleich lang.

7 **Für jede richtige Zeichnung 2 Punkte:**
Die jeweiligen Figuren sollten durch Nachmessen überprüft werden.

8 **Für jedes richtige Ankreuzen 1 Punkt:**
Jedes Quadrat ist auch ein Rechteck.
Jede Raute ist auch ein Parallelogramm.
Jedes Rechteck ist auch ein Drachen.

Eigenschaften und Netze von Körpern

9 **Für jeden richtigen Buchstaben 0,5 Punkte:**
a) Würfel: F, K   b) Quader: J, L   c) Prisma (dreieckige Grundfläche): –
d) quadratische Pyramide: C, G   e) Zylinder: A   f) Kegel: D   g) Kugel: E, I

10 **Für jede richtige Zahl 0,5 Punkte:**

Name	Anzahl Flächen	Anzahl Ecken	Anzahl Kanten
Würfel	6	8	12
Quader	6	8	12
Prisma (dreieckige Grundfläche)	5	6	9
quadratische Pyramide	5	5	8
Zylinder	3	0	2
Kegel	2	1	1

11 **Für jede richtige Anzahl 2 Punkte:**

Kanten: 12 Flächen: 6 Ecken: 8

12 **Für jede richtige Teilaufgabe 1 Punkt:**

a) Würfel: E b) Quader: C c) Pyramide: D d) Prisma: B

13 **Für die richtige Lösung 4 Punkte:**

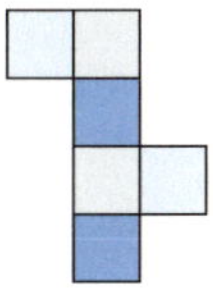

14 **Für jede richtige Teilaufgabe 2 Punkte:**

Hinweis: Mehrere Lösungen sind möglich.

a)

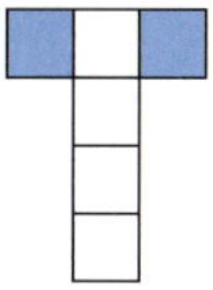

b)

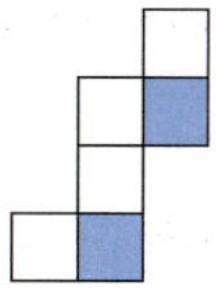

Wie viele Punkte hast du bei jeder Aufgabe erreicht? Zähle deine Punkte in jedem Bereich zusammen und trage sie in der Tabelle unter „dein Punktwert“ ein. Vergleiche diesen mit dem kritischen Punktwert. Liegt dein Ergebnis darunter? Dann solltest du diesen Bereich ab der angegebenen Seite gezielt trainieren.

Bereich	Aufgabe	Gesamtpunktzahl	dein Punktwert	kritischer Punktwert	Trainiere ab
Strecken, Geraden und Halbgeraden	**1 – 4**	19		14	Seite 83
Eigenschaften von Figuren	**5 – 8**	20		15	Seite 88
Eigenschaften und Netze von Körpern	**9 – 14**	32		24	Seite 93

Übungsteil ab Seite 83

Strecken, Geraden und Halbgeraden

1 Strecke: b, d   Gerade: a, c   Halbgerade: e, f

2 Eine Gerade ist unendlich lang. Die Strecke könnte 5 cm lang sein.

3 (a ⊥ b), (b ⊥ e), (c ⊥ d)

4

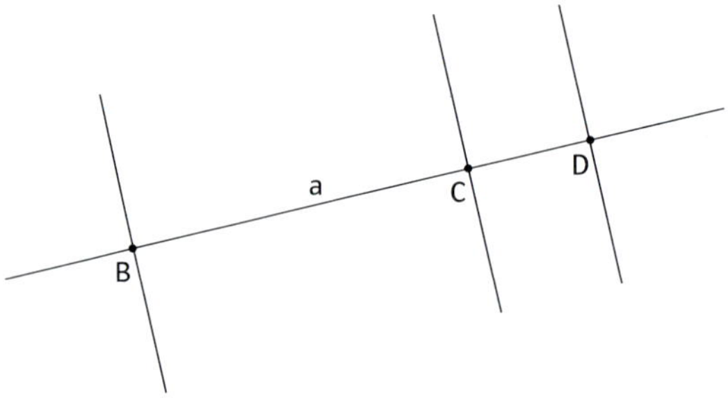

5

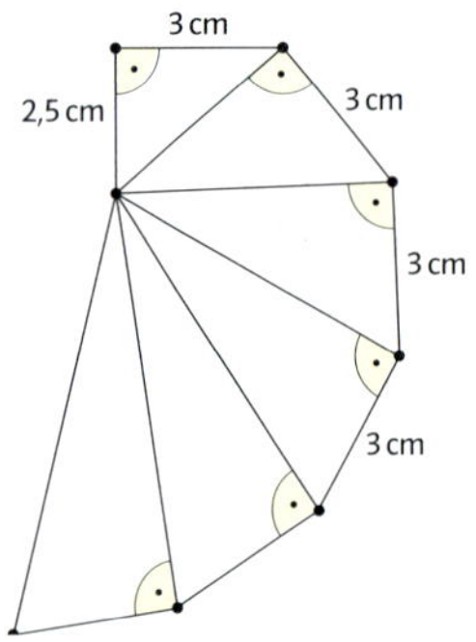

6 So viel beträgt der Abstand von g zu A: 1 cm, zu B: 1,8 cm und zu C: 2,3 cm

7 Hier gibt es unendlich viele Lösungen.

8 (a | b), (d | f)

9

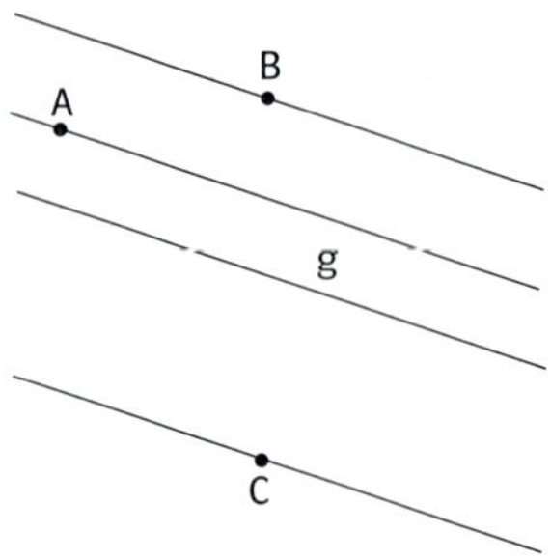

10 Vergleiche deine Zeichnung mit der Vorlage im Buch.

11 a) Die beiden Geraden verlaufen parallel (x || z). b) Sie stehen senkrecht zueinander (x ⊥ z).

Eigenschaften von Figuren

1 a) a, b, c, d, e　　b) A, B, C, D, E

2

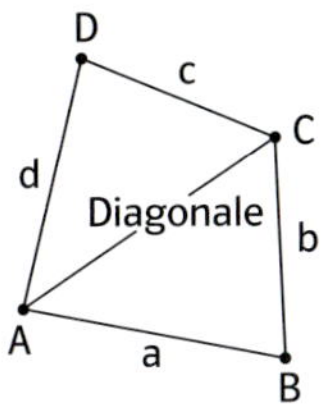

3 Fernseher, Wand, Buchvorderseite, Taschenrechner, Mäppchen …

4 C, B, D, A

5 Die eigene Zeichnung sollte durch Messen überprüft werden.

6 Lösung durch Nachmessen überprüfen.

7 Angekreuzt werden:
Jedes Quadrat ist ein Rechteck.
Im Rechteck halbieren sich die Diagonalen.
Im Quadrat sind alle 4 Seiten gleich lang.
Im Quadrat halbieren sich die Diagonalen.

8 A, C, E

9

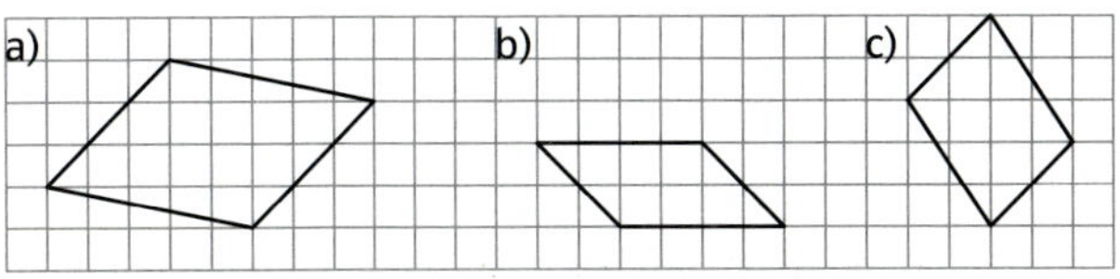

10 Die richtige Reihenfolge ist: D, C, A, B

11 Jonas' Aussage ist richtig, z. B. kann der Winkel zwischen den Seiten mit 5 cm und 3 cm Länge ein anderer sein.

12 Hier sind unendlich viele Lösungen möglich. Jeder sollte seine Lösung durch Messen überprüfen.

13 Hier sind unendlich viele Lösungen möglich. Jeder sollte seine Lösung durch Messen überprüfen.

14 Angekreuzt werden: Jede Raute ist ein Parallelogramm.
Jedes Quadrat ist eine Raute.
In einer Raute sind gegenüberliegende Seiten gleich lang.

15 B, C, D

16 Angekreuzt werden: Jedes Rechteck ist ein Trapez.
Jedes Parallelogramm ist ein Trapez.

17 A, B, D

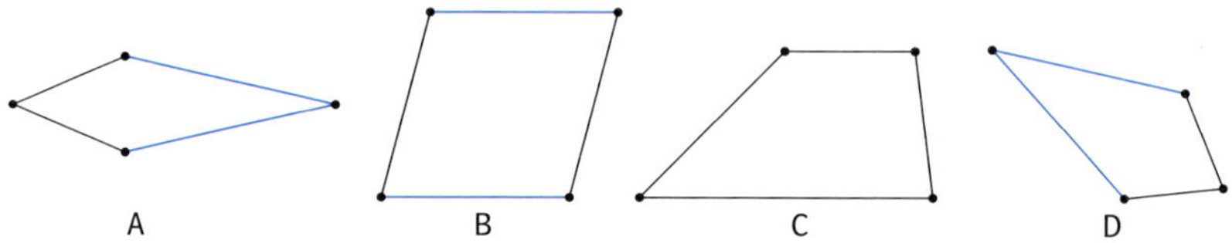

18

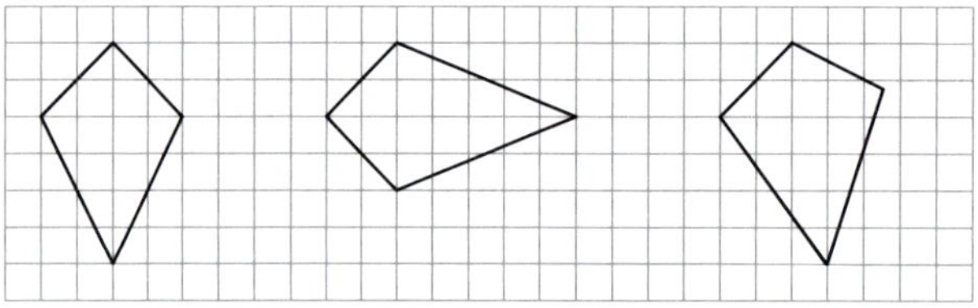

Eigenschaften und Netze von Körpern

1 Mehrere Lösungen sind möglich. Zur Lösungskontrolle kann die Darstellung im Merkkasten dienen.

2 a) 6 b) 12 c) 8

3 a) Es sind alles Rechtecke.
b) und c)

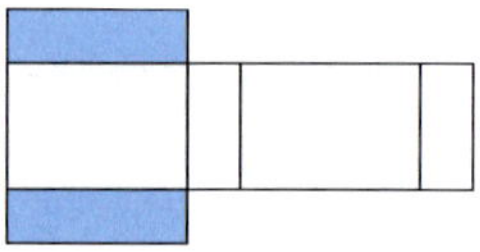

4 a) b) Mehrere Lösungen sind möglich, z.B.

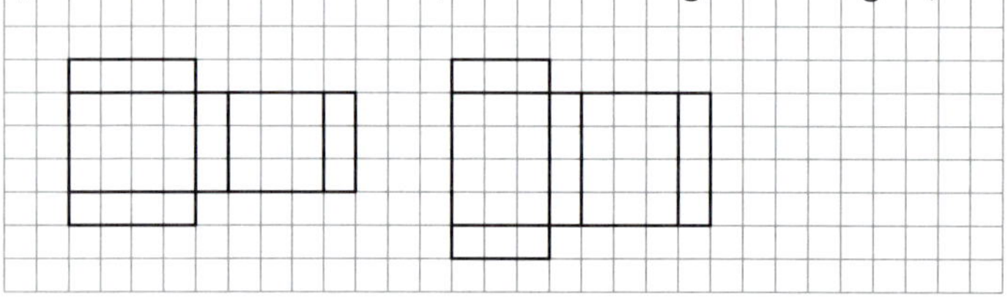

5 a) Es sind alles Quadrate. b) alle 6 c)

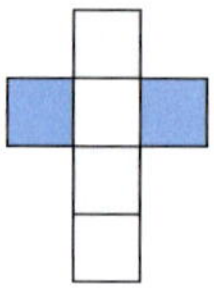

6 A, D, E, F, G

7 a) 5 b) 9 c) 6

8 a) 5 b) 8 c) 5

Abschlusstest Seite 97–100

Strecken, Geraden und Halbgeraden

1 Für jeden richtigen Buchstaben 0,5 Punkte:
Strecke: a, f Halbgerade: b, d Gerade: c, e

2 Für jedes gefundene Paar 1 Punkt:
senkrechte Paare: (d und f), (e und g), (c und f); parallele Paare: (c und d)

3 Für jede Teilaufgabe 2 Punkte:

a)
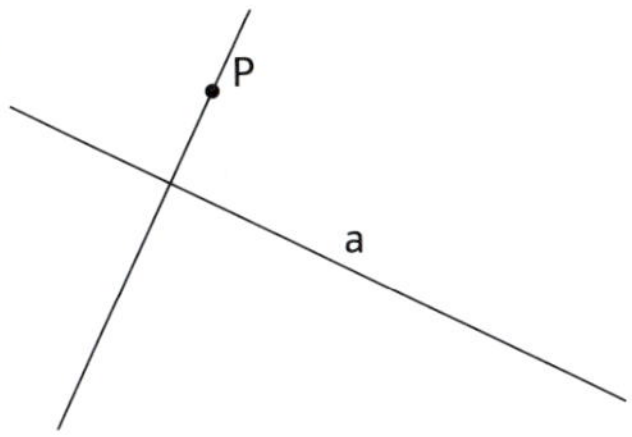

b)
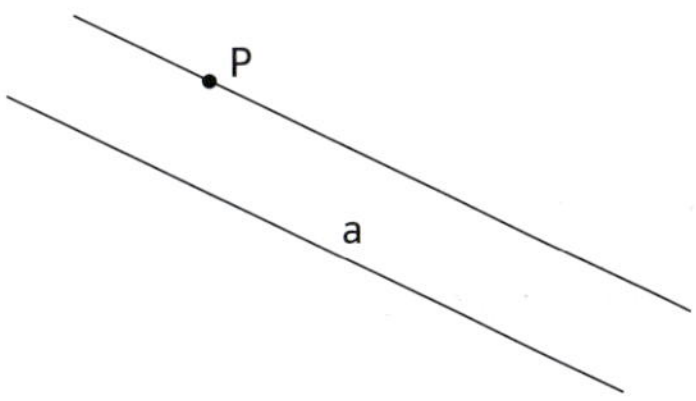

4 Für Teilaufgabe a) 1, 5 Punkte, für b) 2,5 Punkte:

a)
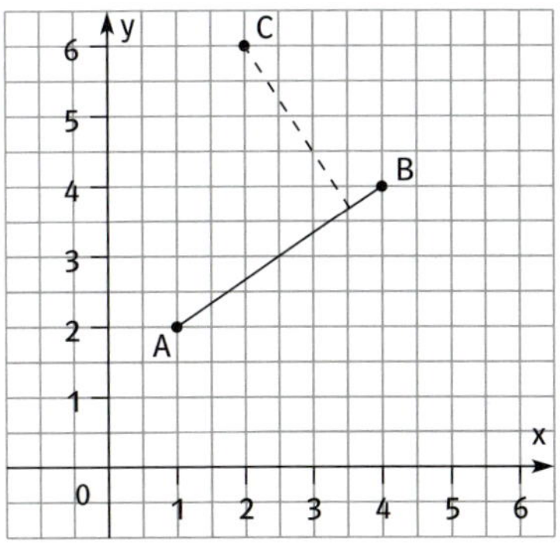

b) Der Punkt C ist 2,8 cm von der Strecke $\overline{AB}$ entfernt.

5 Für jede Teilaufgabe 2 Punkte:
a) n steht senkrecht zu o. b) o steht senkrecht zu n.

6 Für die richtige Zeichnung 2 Punkte und die richtige Antwort 1 Punkt:
Je nach gewähltem Dreieck sieht die Lösung anders aus.
Alle drei Senkrechte schneiden sich in einem Punkt.

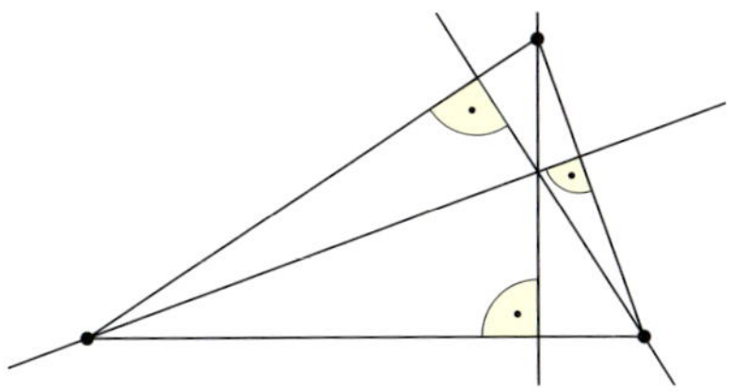

Eigenschaften von Figuren

7 Für jeden richtigen Buchstaben 0,5 Punkte:
Quadrat: A, H
Rechteck: B, D, A, H
Parallelogramm: C, K
Raute: L, G
Trapez: E, F
Drachenviereck: I, J

8 Für jede Teilaufgabe 1 Punkt:
Jeder sollte seine Zeichnung durch Messen überprüfen.

9 Für die richtige Lösung 2 Punkte:
Zwischen den beiden Nachbarseiten können unterschiedliche Winkelgrößen gewählt werden.

10 Für jede Teilaufgabe 1 Punkt:
a) Quadrat
b) Parallelogramm, Rechteck, Quadrat oder Raute
c) Trapez
d) Drachenviereck, Quadrat oder Raute
e) Quadrat oder Raute

11 Für die richtige Lösung 3 Punkte:
Das Viereck DXCY ist eine Raute. Bei einer Raute stehen die Diagonalen senkrecht aufeinander. Also stehen DC und XY senkrecht aufeinander.

12 Für jede richtige Aussage 1 Punkt:
Jedes Quadrat ist ein Parallelogramm.
Jede Raute ist ein Parallelogramm.
Jedes Rechteck ist ein Trapez.

Eigenschaften und Netze von Körpern

13 Für jeden richtigen Buchstaben 0,5 Punkte:
Quader: E, I
Würfel: F, H
Zylinder: A, D
Prisma: B, L
Pyramide: G, J
Kegel: C, K

14 Für jede richtige Teilaufgabe 1 Punkt:
a) Würfel
b) Quader
c) quadratische Pyramide
d) Kegel

15 Für jeden richtigen Begriff 1 Punkt:
Würfel, Quader, Zylinder, Kegel, Pyramide

16 Für jedes richtige Netz 1 Punkt:

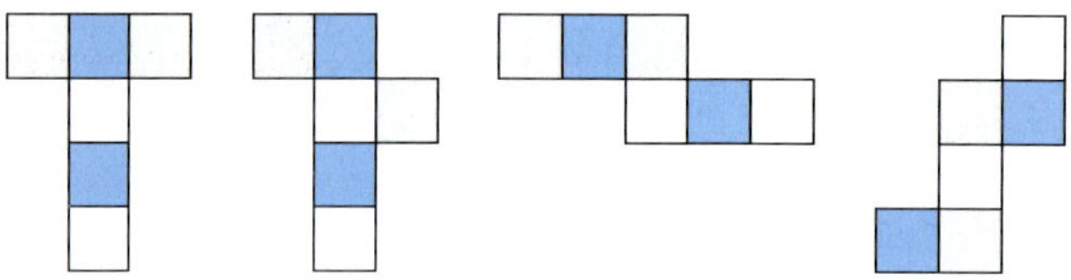

17 **Für jedes richtige Netz 2 Punkte:**
Bei beiden Teilaufgaben gibt es mehrere richtige Lösungen.

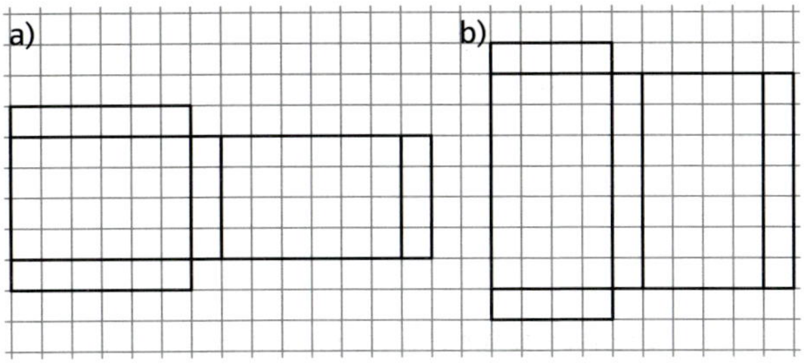

Rechne in den einzelnen Bereichen die Punkte zusammen, die du erzielt hast. Solltest du unterhalb des kritischen Punktwertes liegen, dann kannst du in der Tabelle ablesen, auf welchen Seiten sich Erklärungen und Übungsaufgaben zum jeweiligen Thema befinden. Diese helfen dir weiterzukommen.

Bereich	Aufgabe	Gesamtpunktzahl	dein Punktwert	kritischer Punktwert	Übe nochmals ab
Strecken, Geraden und Halbgeraden	**1 – 6**	25		19	Seite 83
Eigenschaften von Figuren	**7 – 12**	23		17	Seite 88
Eigenschaften und Netze von Körpern	**13 – 17**	23		17	Seite 93

Diagnosetest Seite 102 – 104

Darstellung und Zahlbeziehung

1 **Für 3 richtige Zahlen jeweils 1 Punkt:**
a) Es gibt unendlich viele Lösungen.
b) Es gibt unendlich viele Lösungen, z. B. –17, –9, –3.

2 **Für jeden richtigen Wert 1 Punkt:**
von links nach rechts: –10; –7; –5; –1; 5

3 **Für jede richtige Zahl 1 Punkt:**

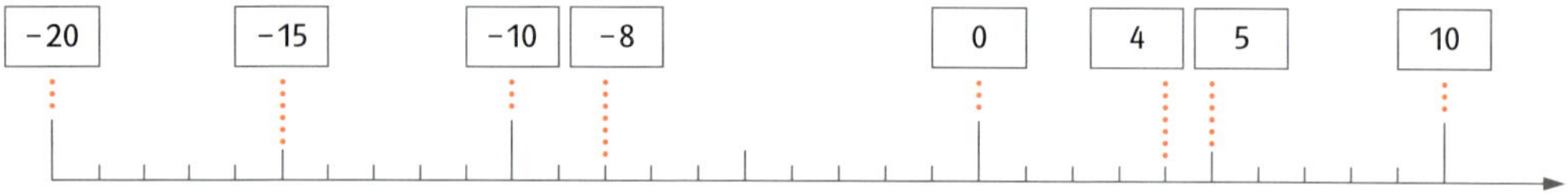

4 **Für jede richtige Zahl 1 Punkt:**
a) 6 b) –5 c) 0 d) 2 e) 25

5 **Für jede Zahl in der richtigen Reihenfolge 0,5 Punkte:**
a) –100; –90; –18; –3; 4; 7; 12; 14
b) –25; –6; –5; 0; 10; 15; 25; 35

Koordinatensystem

6 **Für jede richtige Koordinate 0,5 Punkte:**

Punktname	A	B	C	D	E	F	G	H	I	J	K	L
Koordinaten	(1 | –2)	(4 | –2)	(4 | 4)	(1 | 4)	(–5 | –1)	(–2 | –3)	(–2 | 1)	(1 | –4)	(1,5 | –5,5)	(3 | –5,5)	(3 | –4)	(2 | –3)

7 **Für jede Teilaufgabe 1 Punkt:**
a) (–2 | –5) b) (2 | 5)

Ganze Zahlen addieren und subtrahieren

8 **Für jede richtige Zahl 1 Punkt:**
a) –1 b) 15 c) –15 d) 36 e) –17

9 **Für jede Teilaufgabe 1 Punkt:**
a) –28 b) 18 c) 7 d) 30 e) –57

10 **Für jede Teilaufgabe 1 Punkt:**
a) –14 b) –63 c) –23

Ganze Zahlen multiplizieren

11 **Für jede Teilaufgabe 1 Punkt:**
a) −15 b) −99 c) 108 d) 154

12 **Für die Rechnung 1 Punkt und für die Antwort 1 Punkt:**
70 € + 18 € = 88 €; 88 € : 8 € = 11 Nach 11 Tagen hat er 18 € Schulden.

Ganze Zahlen dividieren

13 **Für jede Teilaufgabe 1 Punkt:**
a) 4 b) −9 c) −49 d) 26

14 **Für jede Teilaufgabe 1 Punkt:**
a) −24 b) 9

Wie viele Punkte hast du bei jeder Aufgabe erreicht? Zähle deine Punkte in jedem Bereich zusammen und trage sie in der Tabelle unter „dein Punktwert" ein. Vergleiche diesen mit dem kritischen Punktwert. Liegt dein Ergebnis darunter? Dann solltest du diesen Bereich ab der angegebenen Seite gezielt trainieren.

Bereich	Aufgabe	Gesamtpunktzahl	dein Punktwert	kritischer Punktwert	Trainiere ab
Darstellung und Zahlbeziehung	**1 − 5**	28		21	Seite 105
Koordinatensystem	**6 − 7**	8		6	Seite 107
Ganze Zahlen addieren und subtrahieren	**8 − 10**	13		10	Seite 108
Ganze Zahlen multiplizieren	**11 − 12**	6		5	Seite 111
Ganze Zahlen dividieren	**13 − 14**	6		5	Seite 112

Übungsteil ab Seite 105

Darstellung und Zahlbeziehung

1 a) Es gibt unendlich viele Lösungen. (z. B. −3; 7; 14; 0; −6 …)
b) Es gibt unendlich viele Lösungen. (z. B. −7; −10; −100; −1; −8 …)

2 Die Null hat kein Vorzeichen.

3 Die Menge der ganzen Zahlen ist größer. Sie beinhaltet ja nicht nur die natürlichen Zahlen, sondern auch die negativen ganzen Zahlen.

4 a) −10; −8; −5; −4; −2; 4; 8 b) −70; −20; 50; 70; 100 c) −85; −60; −40; −25; −10; 0

5 a) $-5 < 7$ b) $-19 > -29$ c) $1 > -999$ d) $-1 < 0$ e) $-437 > -473$

6 a) $-999 < -26 < -17 < -14 < -6 < 0 < 10 < 12 < 19 < 25 < 999$
b) $-437 < -374 < -250 < -154 < -149 < -145 < -50 < -1 < 1 < 250 < 437$

7 a) −6 b) 2 c) −124 d) −42

8 Erste Olympische Spiele; Gründung Roms; Beginn der Regierungszeit Kleopatras; Geburt Jesu; Kaiserkrönung Ottos; Beginn des 30-jährigen Kriegs

Koordinatensystem

1

A	B	C	D	E	F	G	H	I	J	K	L
(−3 | −0,5)	(4 | −0,5)	(3 | 5)	(1 | 2)	(3 | 2)	(3 | 4)	(−2 | 1)	(−3,5 | −4)	(−2 | −4)	(−2 | −2)	(−4 | −2)	(2 | −2)

2 Die Lösung sollte vom Schüler durch nochmaliges Prüfen abgesichert werden.

3 a) A′(−2 | −5) b) B′(3 | −4) c) C′(−3 | 4) d) D′(0 | 7)

4 a) D(−2 | 5) b) D(3 | 4)

Ganze Zahlen addieren und subtrahieren

1 a) 3 ⊕ (−7) b) −6 ⊕ 3 c) −7 ⊕ (−8) d) 9 ⊖ 5 e) −14 ⊕ (−7)

2 a) (−4) + ⑥ b) ④ + ⑥ c) (−7) + (−8) d) −4 + ⑥ e) (−4) + (−6)

3 a) B b) A c) B d) A

4 a) −3 b) −2 c) 5 d) −10 e) −13 f) −70 g) −22
h) −37 i) −49 j) −2 k) −303 l) 113 m) 1 n) −350
o) −148

5 a) −7 b) −75 c) −356 d) −4

6 250 € − 347 € = − 97 € Peter hat 97 € Schulden (Soll) auf seinem Konto.

7 a) 3 b) −5 c) 10 d) 0 e) −99

8 a) −8 − 5 = −13 b) 30 c) − 17 d) 0 e) 6
f) 40 g) 109 h) −134 i) 8 j) −11

9 a) −25 b) −47 c) 71 d) 107

10 a)

−9			
0	−9		
2	−2	−7	
−3	5	−7	0

b)

−10	−5	7	−6
−5	−12	13	
7	−25		
32			

11 Der Temperaturunterschied betrug 12 °C.

12 455 m + 1165 m = 1620 m Der See ist 1620 m tief.

13 a) + ; + b) − ; + c) + ; −

Ganze Zahlen multiplizieren

1 a) −35 b) −36 c) 56 d) −72 e) 63
f) −28 g) 96 h) −90 i) 400 j) −154

2

−96			
8	−12		
−4	−2	6	
−4	1	−2	−3

3 (pppp); (pnpn), (npnp); (nppn), (pnnp) (p ≙ positiv; n ≙ negativ)

4 98 € + 120 € = 218 €; 218 € : 15 € = 14 R 8 Er muss 15 Monate lang sparen.

Ganze Zahlen dividieren

1 a) −5 b) −16 c) 6 d) 6 e) 8
f) −9 g) 20 h) −12 i) −20 j) 17

2 a) −6 b) 84 c) −65 d) −12

3 a) −24 b) 72

Abschlusstest Seite 113 – 116

Darstellung und Zahlbeziehung

1 **Für jeweils 3 richtige Zahlen 1 Punkt:**
a) Es gibt unendlich viele Lösungen.
b) Es gibt unendlich viele Lösungen.

2 **Für jede richtige Aussage 1 Punkt:**
Angekreuzt werden: Positive Vorzeichen müssen nicht notiert werden.
Die Menge der negativen Zahlen ist kleiner als die Menge der ganzen Zahlen.

3 **Für jeden richtigen Wert 1 Punkt:**
– 40; – 32; – 20; – 4; 20

4 **Für die richtige Ergänzung 2 Punkte:**
… kleiner werden die Zahlen.

5 **Für jede richtige Zahl 1 Punkt:**
a) – 5
b) – 23
c) 9

6 **Für jede Teilaufgabe 2 Punkte:**
a) – 37; – 19; – 18; – 5; 0; 12; 17; 19; 21
b) – 275; – 257; – 144; – 121; – 112; 0; 121

7 **Für jede Teilaufgabe 1 Punkt:**
a) $-25 < 1$
b) $-36 > -47$
c) $1 > -99\,999$
d) $-147 > -174$

Koordinatensystem

8 **Für jede richtige Lösung 1 Punkt:**
Die Namen der Punkte sind (von links nach rechts):
A, C, E, B, D und F

9 **Für jede Teilaufgabe 2 Punkte:**
a) schwarzes Dreieck
b) blaues Dreieck
c) A′(4 | 2), B′(– 5 | – 2), C′(0 | 4)

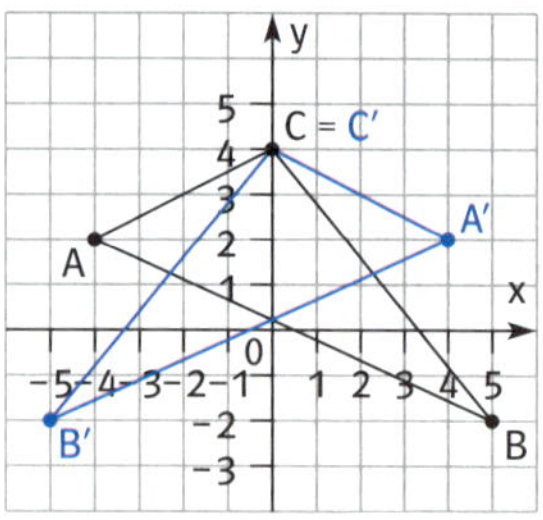

10 **Für jede Teilaufgabe 2 Punkte:**
a) D(– 2 | 3)
b) D(– 3 | – 5)

Ganze Zahlen addieren und subtrahieren

11 **Für jedes richtige Ergebnis 0,5 Punkte:**

a) −1 b) −6 c) −1 d) −37 e) 43
f) 6 g) −30 h) 42 i) −51 j) −36

12 **Für jede richtige Zahl 1 Punkt:**

a) 23 b) −58 c) 3 d) −136

13 **Für jede Teilaufgabe 1 Punkt:**

a) + b) − c) +; − d) +; +

14 **Für jeden richtigen Eintrag 1 Punkt:**

Kontostand alt	25 €	−147 €	−157 €	−45 €
Einzahlung/Auszahlung	−30 €	+49 €	−63 €	−28 €
Kontostand neu	−5 €	−98 €	−220 €	−73 €

Ganze Zahlen multiplizieren

15 **Für jede richtige Spalte 1 Punkt:**

·	−4	−5	7
−1	4	5	−7
4	−16	−20	28
−6	24	30	−42

16 **Für jede Teilaufgabe 1 Punkt:**

a) −16 b) 9 c) 16 d) −3

17 **Für die Rechnung 1 Punkt und für die Antwort 1 Punkt:**

−4 °C + 5 · (−2 °C) = −14 °C ?

Nach 5 Stunden war es −14 °C kalt.

Ganze Zahlen dividieren

18 **Für jede richtige Spalte 1 Punkt:**

:	−48	100	−72
2	−24	50	−36
−4	12	−25	18
−6	8	−16 R 4	12

19 **Für jeden richtigen Eintrag 1 Punkt:**

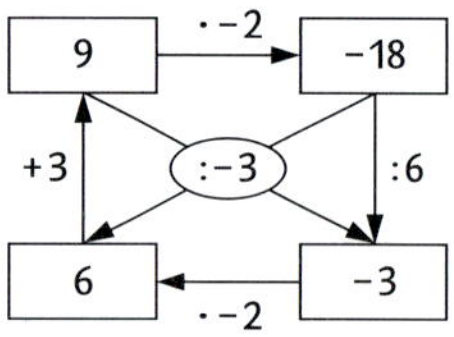

20 **Für jeden richtigen Eintrag 0,5 Punkte:**

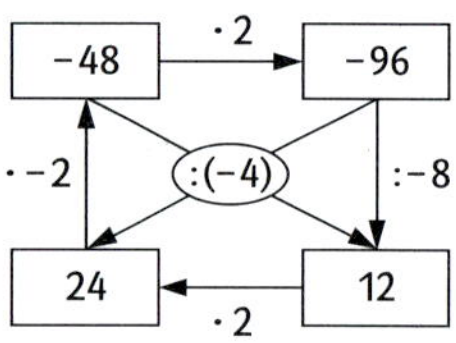

Rechne in den einzelnen Bereichen die Punkte zusammen, die du erzielt hast. Solltest du unterhalb des kritischen Punktwertes liegen, dann kannst du in der Tabelle ablesen, auf welchen Seiten sich Erklärungen und Übungsaufgaben zum jeweiligen Thema befinden. Diese helfen dir weiterzukommen.

Bereich	Aufgabe	Gesamtpunktzahl	dein Punktwert	kritischer Punktwert	Übe nochmals ab
Darstellung und Zahlbeziehung	**1–7**	22		17	Seite 105
Koordinatensystem	**8–10**	16		12	Seite 107
Ganze Zahlen addieren und subtrahieren	**11–14**	17		13	Seite 108
Ganze Zahlen multiplizieren	**15–17**	9		7	Seite 111
Ganze Zahlen dividieren	**18–20**	10		8	Seite 112